西藏彭波半细毛羊
育成与养殖新技术

金艳梅 德庆卓嘎 张晓庆 洛桑催成 著

中国农业科学技术出版社

图书在版编目（CIP）数据

西藏彭波半细毛羊育成与养殖新技术 / 金艳梅等著 . —
北京：中国农业科学技术出版社，2020.12
ISBN 978-7-5116-4825-9

Ⅰ . ①西… Ⅱ . ①金… Ⅲ . ①半细毛羊－饲养管理
Ⅳ . ① S826.8

中国版本图书馆 CIP 数据核字（2020）第 257520 号

责任编辑　王惟萍
责任校对　贾海霞

出　版　者　中国农业科学技术出版社
　　　　　　北京市中关村南大街 12 号　邮编：100081
电　　　话　（010）82106625（编辑室）（010）82109702（发行部）
　　　　　　（010）82109709（读者服务部）
传　　　真　（010）82106625
网　　　址　http://www.castp.cn
经　销　者　各地新华书店
印　刷　者　北京建宏印刷有限公司
开　　　本　710mm×1 000mm　1/16
印　　　张　10.25
字　　　数　171 千字
版　　　次　2020 年 12 月第 1 版　2020 年 12 月第 1 次印刷
定　　　价　128.00 元

《西藏彭波半细毛羊育成与养殖新技术》
著 者 名 单

主　　著　金艳梅　德庆卓嘎　张晓庆　洛桑催成

参著人员　（按姓氏拼音排序）

巴桑吉巴　格桑加措　李　鹏　潘　强

平措班旦　史睿智　　塔　娜　万其号

王梓凡　　张继泽　　张　立　张　千

前　　言

　　2020 年是全面建成小康社会目标实现之年，是全面打赢脱贫攻坚战收官之年。农业农村部印发《2020 年畜牧产业扶贫和援藏援疆行动方案》提出"提升三区三州草畜产业科技水平""组织科研团队重点帮扶牦牛、肉羊、牧草等当地特色产业"。中央一号文件要求"进一步聚焦三区三州等深度贫困地区，狠抓政策落实"。2020 年 3 月，西藏自治区政府领导在拉萨市林周县调研并强调"我区农牧产业发展到现阶段，面临着一系列新情况新机遇，必须改变原有粗放式的发展方式，加快农牧业供给侧结构性改革""要进一步提升科技水平，实现标准化、规范化养殖，教育引导群众掌握科学养殖知识，提升养殖效益，增加现金收入"。藏政办积极响应并落实国家和自治区政策要求，发布"将藏羊产业打造成为我区长效扶贫产业"项目指南。西藏羊产业的发展得到了前所未有的政策扶持。

　　彭波半细毛羊是由西藏农牧科学院畜牧兽医研究所和林周县畜牧技术推广中心共同培育成的毛肉兼用型绵羊新品种，是西藏第一个国家级畜种。新品种羊耐粗饲、生态适应性好，具有产毛量比当地羊高 3 倍、产肉量高 1 倍、羊毛更适合氆氇用料等优势。自 20 世纪 80 年代启动育种工作以来产生 50 多万只改良后代，累计新增产值 15 000 多万元。然而，经过近 40 年的推广利用，原种优势严重退化，存栏数量骤减，目前约 43 000 多只，出栏周期长达 2~3 年。导致该品种种质资源退化、生产性能降低、养殖数量减少的主要原因是饲养管理简单粗放、饲料单一、饲喂技术落后。亟待转变过去粗放的养畜观念、转型升级饲养方式、提高饲草料加工技术和养羊科技含量，从而加快振兴彭波半细毛羊产业。

2019 年林周县县党委政府、县农牧局提出"十万只彭波半细毛羊繁育行动计划"项目，组建包含绵羊育种、动物营养、兽医诊疗、产品加工和饲草料生产等不同领域的专家顾问组，开展科技调研，深入分析急需解决的问题，反复研讨技术方案。在此期间，课题组着手撰写本书，回顾彭波半细毛羊新品种育种历程，深入了解新品种的品种特征及产品的优势特色，总结效果显著的现代种群扩繁技术和提质增效养殖新技术模式，助力林周县顺利实现 2022 年彭波半细毛羊扩繁"十万只"目标，振兴林周县优势产业，振兴乡村经济，助力脱贫攻坚与成果巩固。以此为起点，把好经验好技术模式向全区推广，加快转变粗放低效的养殖方式，提高畜产品数量和质量，增强地方畜产品的市场竞争力，进一步促进畜牧业增产、农牧民增收，推动西藏畜牧业高质量发展。

由于作者水平有限，书中难免有错误或遗漏之处，恳请读者批评指正。

著 者

2020 年 8 月

目　录

第一章

彭波半细毛羊的育成及品种特征

一、品种选育历程

绵羊是西藏畜牧业主体畜种之一。1974年以来，全区绵羊数量长期保持在1 000万只左右，约占自治区家畜总存栏量的50%，占全国绵羊总存栏量的8%。在西藏广大的农牧区，养羊业与地方农牧民的生活息息相关，羊产品被最大限度地利用。羊毛是制作氆氇、藏被、藏靴等的重要原料，羊毛加工业已日益成为西藏民族旅游附加值较高的优势产业；羊肉则是西藏广大农牧民的主要肉食品之一。

由于自然条件和地理环境的不同，西藏绵羊分为高原型、三江型、河谷型三大类型。高原型主要分布在那曲市、阿里市、日喀则市的昂仁县、萨嘎县、仲巴县和拉萨市的当雄县。三江型主要分布在三江流域的昌都地区，其羊毛、羊肉及羊皮独具特色，在品种选育中用于提高羊的生产性能和肉品质。河谷型绵羊以"一江两河"中、下游流域为主要产区，羊毛较细，是制作氆氇的主要原料，但该类型的羊体格小、剪毛量低、毛色花杂多、羊毛纤维短，不能满足毛纺原料和肉食的需求。然而，"一江两河"流域是农牧结合区，自然条件较好，能够为良种绵羊养殖提供较好的生态条件和饲养管理条件，是西藏主要的绵羊改良区。

为了提高河谷型绵羊的生产性能和羊毛品质，从1960年开始，原澎波农场引进了苏联美利奴和新疆细毛羊，进行了14年的细毛羊杂交改良工作。1973年原农业部在青海省召开第一次全国半细毛羊育种座谈会，会议确定了河谷地区培育半细毛羊的研究方向。1975年原农业部把培育西藏半细毛羊课题正式下达西藏自治区农牧厅，并成立了育种领导小组，西藏半细毛羊育种攻关研究正式启动。

在育种工作中，先后陆续引入了茨盖羊、边区莱斯特等半细毛羊品种，进行杂交组合试验。1978年西藏自治区农牧科学院畜牧兽医研究所在全面鉴定区内引进半细毛羊引用效果的基础上，提出了《培育西藏半细毛羊杂交组合方案》和"育种指标"。该方案和指标得到了同年7月参加第四次绵羊改育种座谈会的来自青海、甘肃、四川、云南、贵州等省专家的肯定。专家组经过现场鉴定和实地考察，再次确定了该方案的切实可行性。自此，彭波半细毛羊杂交育种工作开始有计划地安排实施。

面对西藏家畜饲养管理长期处于较低水平的实际困难，1979年8月全区绵羊育种座谈会对原定育种指标进行了调整。新的组合方案和育种指标强调了在西藏高原严酷的自然生态条件下，半细毛羊新品种选育应以中小体形为宜。在取得大量杂交组合数据的基础上，1983年进行了横交固定试验，完成了培育半细毛羊新品种的关键任务。1988年由西藏自治区科技厅组织区内专家进行阶段性验收，当时杂交羊的数量达到3.3万只，其中横交羊5 800余只，理想型羊的生产性能基本达到或接近育种指标要求，形成了"彭波半细毛羊新品种群"。

除了部分羊剪毛后体重小、剪毛量较低外，新品种羊群的其他各项指标均达到或超过原定的育种指标，优良的品种性状得到鉴定专家组的高度评价，相关研究成果于1989年获得农牧渔业丰收二等奖，并于1991年获得西藏自治区科技进步二等奖。此后，针对新品种群存在的问题，进行了导入茨盖羊血液试验，以期提高生产性能，并扩大羊群数量。在新品种的培育过程中对羊毛、羊肉、种羊的遗传性、繁殖性能、推广效果、生长发育等方面进行了大量的分析研究，形成了 20 多篇单行研究材料。2000 年研究成果通过了西藏自治区科技厅的验收。

2001 年，西藏自治区农牧厅、拉萨市农牧局等部门立项开展"彭波半细毛羊新品种育种攻关"项目，由西藏自治区农牧科学院畜牧兽医研究所、林周县农牧局承担实施。项目组成立了育种攻关领导小组和技术小组，从技术、饲养管理等方面进一步加强了育种攻关工作。同时，根据林周县澎波河谷的现状，再次修改了原定的西藏半细毛羊育种指标，修改后的育种指标见表1-1。

表1-1　2001 年制定的彭波（一级）半细毛羊生产性能指标

年龄	性别	剪毛后活重（kg）		剪毛量（kg）		毛长（cm）		细度（支）	
		平均	范围	平均	范围	平均	范围	平均	范围
成年	公	45.0	42.0~48.0	3.0	2.6~3.2	10.0	9.0~10.0	56~58	48~58
	母	27.5	25.0~30.0	2.5	2.3~2.8	9.0	8.5~9.5	56~58	48~58
育成	公	25.0	23.0~27.5	2.0	1.8~2.2	10.5	9.5~11.0	56~58	48~58
	母	23.0	21.0~25.0	2.0	1.8~2.2	10.5	9.5~11.0	56~58	48~58

通过五年的改良、选育及推广应用，核心种群的质量得到显著提升，种群数量进一步扩大，育种群的数量达到近 6 万只，占全区河谷型绵羊存栏总数的 81.4%，其中横交羊达到 3 万多只，占改良羊存栏总数的 48.6%。2005—2006 年测得新品种群的一级羊主要生产性能：成年公羊、母羊毛长分别为 9.73cm、10.4cm，剪毛量分别为 3.25kg、2.35kg，剪毛后体重分别为 45.23kg、28.06kg；育成公羊、母羊毛长分别为 10.60cm、10.40cm，剪毛量分别为 2.23kg、2.08kg，剪毛后体重分别为 26.00kg、23.75kg。成年公羊、母羊毛长比当地的同龄河谷型羊分别增加了 3.73cm、3.40cm，剪毛量分别增加了 2.60kg、1.55kg，剪毛后体重分别增加了 24.81kg、9.56kg。新品种群的羊毛细度达到 48~58 支，毛色纯白率达到 92.75%，比当地羊提高 91.25%，净毛率达到 62.35%，其他性状质量指标都达到了半细毛羊毛的要求（央金等，2009）。图 1-1 为西藏自治区农牧科学院畜科所央金研究员和原农业部专家在进行彭波半细毛羊羊毛品质鉴定。新品种群成年羯羊的胴体重达到 20kg，屠宰率为 46.0%。新品种群的 8 月龄羔

羊，在自然放牧条件下宰前活重达到 19.3kg、胴体重达到 9.0kg，屠宰率达到 46.63%、净肉率达到 68.0%，显示了新品种羊稳定的遗传特性。

图 1-1　西藏农牧科学院畜科所央金研究员（左）和原农业部专家（右）
进行彭波半细毛羊羊毛品质鉴定（德庆卓嘎　供图）

经过几代科技人员和管理人员近半个世纪的不懈努力，新品种于 2008 年通过国家家畜禽遗传资源委员会的审定（图 1-2 至图 1-4），成为西藏第一个国家级家畜新品种。彭波半细毛羊新品种培育形成后，2012 年西藏自治区农牧科学院畜科所央金研究员完成了题为《彭波半细毛羊新品种种质特性研究》的硕

图 1-2　西藏农牧科学院领导及专家对彭波半细毛羊进行现场审定（德庆卓嘎　供图）

图1-3 羊品种审定委员会审定彭波半细毛羊新品种（德庆卓嘎 供图）

图1-4 羊品种审定委员会专家审查育种资料（德庆卓嘎 供图）

士学位论文，并推动了新品种羊的推广应用。

新品种羊群的生产性能优异，耐粗饲和抗病能力良好，适宜在海拔
2 600~4 200m 地区养殖。在原产地澎波河谷以放牧为主的较粗放饲养管理条件

下能发挥正常的生长发育与繁殖性能，推广到西藏中部海拔 4 200m 以下河谷区，同样具有良好的生态适应性。累计推广优秀种公羊 8 000 只，产生了 50 多万只有效改良后代，提高了推广地区的绵羊生产性能和良种覆盖率，深受地方养殖户欢迎。

二、品种特征

1. 外貌特征

如图 1-5 和图 1-6 所示，彭波半细毛羊体质结实，行动灵活，耐粗放饲养管理条件。该品种绵羊分为茨茨新藏型和边茨新藏型两个类型，分别具有如下外貌特征。

（1）茨茨新藏型。该类型羊的头平直，颈部无皱褶，体躯呈圆筒形，四肢结实短粗，被毛纯白，呈毛丛毛股结构，闭合良好，油汗乳白或浅黄色，头部毛覆盖至两耳根连线处，前肢毛至腕关节，后肢毛至飞节。公羊大多数有螺旋形大角，母羊无角或有小角，头、眼、鼻及四肢允许有小色斑，后肢有少量粗毛。

（2）边茨新藏型。该类型羊的头宽大，鼻梁隆起，耳大、宽、厚、直立，背腰平直，体型呈长方形，四肢结实，蹄壳乳白或黑白相间，被毛纯白，呈毛股毛丛结构，后股下缘有少量粗毛，头毛至眼线，四肢毛至腕关节和飞节，头、耳、眼、唇、鼻镜及四肢允许有少量色斑，公羊无角，母羊无角或有小角。该类型在后期选育中表现出适应性较差，故而数量逐渐减少。

图1-5　彭波半细毛羊种公羊（左）和种母羊（右）（德庆卓嘎　供图）

图1-6　彭波半细毛羊种公羊群（左）和种母羊群（右）（德庆卓嘎　供图）

2. 生长发育

（1）体尺。2005年对彭波半细毛羊的体尺指标进行了测定，与2000年的测定结果相比较（表1-2、表1-3）：育成公羊的体高、体长、胸围分别增加了1.71cm、0.03cm、2.40cm；育成母羊的体高、体长、胸围分别增加了4.88cm、4.80cm、4.07cm；成年公羊的体高、体长、胸围分别增加了0.51cm、5.06cm、8.16cm；成年母羊的体高、体长、胸围分别增加了2.44cm、0.86cm、1.03cm。

表1-2　2000年彭波半细毛羊的体尺统计资料

年龄	体尺	♂[①]				♀			
		n（只）	$\overline{X}$（cm）	S	C·V	n（只）	$\overline{X}$（cm）	S	C·V
断奶	体高	11	52.18	3.75	7.19	14	44.04	2.57	5.83
	体长		58.59	5.33	9.09	14	51.40	3.43	6.67
	胸围		63.00	3.03	4.82	14	59.87	3.11	5.29
1.5岁	体高	54	59.14	2.25	3.81	33	51.42	2.75	5.35
	体长		64.96	3.27	5.03	33	55.24	2.44	4.41
	胸围		69.02	2.89	4.19	33	61.36	4.32	7.04
2.5岁	体高	14	68.89	3.25	5.17	42	60.30	2.36	3.91
	体长		64.51	2.54	3.94	42	65.42	2.51	4.53
	胸围		73.69	3.99	5.56	42	70.42	2.51	3.84

①♂：公羊；♀：母羊；n：样本量；X：平均值；S：标准差；C·V：变异系数，全书同。

（续表）

年龄	体尺	♂①				♀			
		n（只）	$\overline{X}$（cm）	S	C·V	n（只）	$\overline{X}$（cm）	S	C·V
3.5岁	体高		64.27	3.27	4.69	10	62.53	1.39	2.22
	体长	10	68.29	4.78	7.22	10	64.49	1.33	2.06
	胸围		78.57	4.09	5.20	10	71.58	3.90	5.45
4.5岁	体高		64.59	1.43	2.01	13	62.68	1.99	3.20
	体长	17	68.26	1.57	2.37	13	64.27	3.70	5.76
	胸围		72.83	2.12	2.91	13	72.85	3.02	4.15
5.5~6.5岁	体高		62.99	1.12	1.70	11	59.71	2.50	3.40
	体长	19	65.34	1.57	2.47	11	64.10	1.20	1.90
	胸围		69.43	3.84	5.61	11	70.2	1.41	2.01

表1-3　2005年彭波半细毛羊的体尺统计资料

年龄	体尺	♂				♀			
		n（只）	$\overline{X}$（cm）	S	C·V	n（只）	$\overline{X}$（cm）	S	C·V
育成	体高	152	60.85	2.90	4.77	184	56.3	3.76	6.39
	体长	152	65.31	2.83	4.33	184	60.49	3.67	6.07
	胸围	152	71.42	3.34	4.68	184	64.98	6.20	9.53
	十字部宽	152	14.58	1.10	7.54	184	12.49	2.03	16.25
	管围	152	7.70	0.47	6.10	184	6.71	0.66	9.84
成年	体高	51	64.20	3.02	4.70	146	58.87	3.76	6.39
	体长	51	72.75	2.97	4.08	146	63.71	3.70	5.81
	胸围	51	80.73	3.38	3.94	146	70.23	4.36	6.21
	十字部宽	51	17.20	1.58	9.19	146	13.47	1.94	14.40
	管围	51	8.25	1.46	17.70	146	6.94	0.58	8.36

　　2006年的体尺指标测定结果（表1-4）与2000年的结果相比较：育成公羊的体高、体长、胸围分别增加了2.44cm、1.67cm、2.76cm；育成母羊的分别增加了5.49cm、5.70cm、5.07cm；成年公羊的体高、体长、胸围分别增加了

3.73cm、6.17cm、8.16cm；成年母羊的分别增加了1.29cm、0.35cm、2.04cm。

2006年与2005年的测定结果相比较：育成公羊的体高、体长、胸围、十字部宽、管围分别增加了0.73cm、1.32cm、0.50cm、0.34cm、0.14cm；相应地，育成母羊的依次增加了0.61cm、0.45cm、1.45cm、0.80cm、0.48cm；成年公羊的体高、体长、胸围、十字部宽、管围分别增加了3.22cm、1.02cm、0.49cm、0.65cm、0.49cm；成年母羊的依次提高了1.15cm、1.21cm、3.07cm、1.78cm、0.85cm。

表1-4　2006年彭波半细毛羊的体尺统计资料

年龄	体尺	♂				♀			
		n（只）	$\overline{X}$（cm）	S	C·V	n（只）	$\overline{X}$（cm）	S	C·V
育成	体高	28	61.58	4.79	7.90	74	56.91	4.24	7.57
	体长	28	66.63	4.23	6.54	74	60.94	3.15	5.25
	胸围	28	71.78	5.02	6.99	74	66.43	3.43	5.25
	十字部宽	28	14.92	1.05	7.44	74	13.29	1.04	7.79
	管围	28	7.84	0.70	9.17	74	7.19	0.53	7.41
成年	体高	77	67.42	3.82	5.67	178	60.02	3.70	6.17
	体长	77	73.77	4.12	5.59	178	64.92	4.19	6.49
	胸围	77	81.22	1.53	9.07	178	73.30	5.09	6.93
	十字部宽	77	17.85	4.77	5.66	178	15.25	1.27	8.31
	管围	77	8.74	0.69	7.94	178	7.79	0.73	9.40

（2）体重。澎波河谷区的冬春季气候寒冷多风，枯草期长达七个多月。而家畜的补饲量严重不足，无论是当地羊还是改良羊都存在掉膘严重的问题。种公羊的体重在秋季和春末相差超过5kg。对于母羊，寒冷缺草的3—4月正值母羊产羔期，而需要剪毛的6月底恰恰正是哺乳高峰期，因此母羊体质瘦弱。对于羔羊来说，怀孕母羊胚胎发育期正处于牧草枯黄期，此时因母羊营养差而造成胎儿发育不足，进而导致羔羊的初生重、断奶重较小（表1-5）。总之，经漫长的冬季，6月剪毛鉴定时羊群正处于掉膘后恢复阶段，所以这时的体重指标

较低。另外，特别需要提出的是，地方农牧民科学养殖观念淡薄，良种良法意识薄弱，良种羊没有得到应有的良好的饲养管理，导致其生长发育受阻，生产力水平不高。

表1-5　彭波半细毛羊公母羊的体重统计资料

年龄	♂				♀			
	n（只）	X̄（kg）	S	C·V	n（只）	X̄（kg）	S	C·V
初生	662	2.66	0.57	21.43	678	2.58	0.52	20.16
断奶	91	13.05	2.45	18.77	94	13.31	2.22	16.68
1.5 岁	99	26.72	3.00	11.26	113	19.74	3.32	0.17
2.5 岁	18	43.50	7.93	18.23	28	27.54	5.98	21.71
3.5 岁	35	43.73	4.76	10.64	29	27.47	4.31	15.69
4.5 岁	17	48.13	8.87	18.43	9	24.94	3.24	12.95
5.5~6.5 岁	14	46.20	3.67	5.03	8	24.75	1.95	8.48

3. 产毛性能

除了体尺、体增重外，新品种羊群的生产性能还包括毛长、剪毛量、剪毛后体重三大产毛性能指标。从表1-6可知，2000年测定的产毛性能指标超出或达到育种指标，其中成年公羊的毛长超出0.75cm、剪毛后体重超出0.05kg，成年母羊的毛长超出1.95cm、剪毛量超出0.05kg，育成公羊毛长超出0.40cm。未达到原定育种指标的有：成年公羊的剪毛量相差0.07kg，成年母羊的剪毛后体重相差0.11kg；育成公母羊剪毛量分别相差0.05kg、0.10kg，育成母羊毛长相差0.45cm，剪毛后体重分别相差1.50kg、3.81kg。

表1-6　2000年新品种羊群三大产毛性能测定结果（一级羊）

年龄	性别	n（只）	毛长（cm）	剪毛量（kg）	剪毛后体重（kg）
成年	♂	10	10.75 ± 0.99	2.93 ± 0.31	45.05 ± 2.15
	♀	14	10.95 ± 0.83	2.55 ± 0.32	27.39 ± 1.55
育成	♂	5	10.90 ± 0.91	1.95 ± 0.22	23.50 ± 3.13
	♀	8	10.05 ± 1.41	1.90 ± 0.24	19.19 ± 1.60

与育种指标相比较，如表 1-7 所示，2005 年测定的新品种羊群的三大产毛性能指标超过或达到育种指标的有：成年公羊剪毛量超出 0.20kg，剪毛后体重超出 0.12kg；成年母羊毛长超过 1.80cm，剪毛量达到理想指标，剪毛后体重超出 1.60kg；育成公羊剪毛量、剪毛后体重分别超出 0.20kg 和 0.50kg；育成母羊剪毛量、剪毛后体重分别超出 0.05kg 和 0.50kg。未达到育种指标的有：成年公羊的毛长相差 1.10cm，育成公母羊的毛长分别相差 0.10cm、0.20cm。

表 1-7　2005 年新品种羊群的三大产毛性能测定结果（一级羊）

年龄	性别	n（只）	毛长（cm）		剪毛量（kg）		剪毛后体重（kg）	
			平均	范围	平均	范围	平均	范围
成年	♂	30	8.90	8.60~9.10	3.20	2.60~4.00	45.12	38.00~53.00
	♀	30	10.80	8.50~12.00	2.50	2.25~3.00	29.10	25.50~34.00
育成	♂	30	10.40	9.50~12.50	2.20	1.80~2.80	25.50	20.00~31.50
	♀	30	10.30	9.50~12.00	2.05	1.75~2.50	23.50	17.50~28.50

与育种指标相比较，如表 1-8 所示，2006 年测定的新品种羊群的三大产毛性能指标与超出或达到育种指标的有：成年公母羊的毛长分别超出 0.56cm、0.99cm，成年公羊的剪毛量、剪毛后体重分别超出 0.30kg 和 0.33kg；育成公羊的毛长超出 0.30cm，育成母羊的毛长达到育种指标，育成公母羊的剪毛量分别超出 0.25kg、0.10kg，育成公母羊的剪毛后体重分别超出 1.50kg、1.00kg。未达到育种指标的有：成年母羊剪毛量、剪毛后体重分别相差 0.30kg 和 0.48kg。

表 1-8　2006 年新品种羊群的三大产毛性能测定结果（一级羊）

年龄	性别	n（只）	毛长（cm）		剪毛量（kg）		剪毛后体重（kg）	
			平均	范围	平均	范围	平均	范围
成年	♂	30	10.56	8.50~14.00	3.30	2.50~4.50	45.33	40.00~54.00
	♀	51	9.99	8.00~13.50	2.20	1.82~3.50	27.02	21.00~33.00
育成	♂	30	10.80	9.00~12.90	2.25	1.85~3.00	26.50	21.00~32.50
	♀	30	10.50	9.00~11.80	2.10	1.80~2.50	24.00	17.50~30.50

4. 繁殖性能

彭波半细毛羊新品种公羊的性成熟期为 7~18 月龄，在 2.5 岁配种，母羊性成熟期为 6~12 月龄，公母羊适繁年龄为 2.5~6 岁。种公羊的射精液量平均为（0.70±0.28）mL，精子密度为 30 亿 /mL，精子活力在 0.8 以上。母羊的繁殖成活率为 60%~75%，双羔率为 1%。表 1-9 统计了 2001—2005 年新品种母羊的受胎、流产及羔羊成活情况。母羊可在 1.5 岁发情并配种，但其受胎率、羔羊成活数低于成年母羊，而流产数远高于成年母羊。1.5 岁母羊的受胎率为 3.2%~5.53%，而成年母羊的受胎率高达 95.02%~100%。1.5 岁母羊产羔时通常出现无奶，而导致羔羊死亡的现象。

表 1-9　新品种母羊的受胎、流产及羔羊成活情况统计

年份	年龄	参配母羊数 n（只）	参配母羊数 占比（%）	受胎数 n（只）	受胎数 占比（%）	流产数 n（只）	流产数 占比（%）	空怀数 n（只）	空怀数 占比（%）	羔羊成活数 n（只）	羔羊成活数 占比（%）
2001—2002	1.5 岁	7	3.20	5	71.43	2	40.00	2	28.57	3	60.00
	成年	2 314	95.02	2 111	91.23	313	14.83	203	8.77	1 798	85.17
2002—2003	成年	2 311	100	2 126	91.99	315	14.82	185	8.01	1 811	85.18
2003—2004	1.5 岁	83	5.53	40	48.19	8	20.0	43	51.81	32	80.00
	成年	1 939	100	1 835	94.64	143	7.79	104	5.36	1 692	92.21
2004—2005	成年	2 376	100	2 136	89.90	198	9.27	240	10.10	1 938	90.73

彭波半细毛羊新品种群成年母羊的发情持续期分布情况，如表 1-10 所示。参加配种的成年母羊的发情数量从 15h 的 0.6%~1.2% 增加到 24h 的 86%~90%，到 30h 时回落到 4.0%~6.8%。成年母羊的发情持续期为 24~48h，平均发情周期为（17.21±2.10）d。

表 1-10　新品种成年母羊的发情持续期分布情况

年份	年龄	n（只）	发情持续期分布							
			15h		20h		24h		30h	
			n（只）	占比（%）	n（只）	占比（%）	n（只）	占比（%）	n（只）	占比（%）
2001	成年	2 314	28	1.2	139	6.0	1 990	86	157	6.8
2002	成年	2 311	21	0.9	120	5.2	2 057	89	113	4.9
2003	成年	1 939	12	0.6	78	4.0	1 745	90	104	5.4
2004	成年	2 376	20	0.8	171	7.1	2 090	88	95	4.0

　　彭波半细毛羊新品种群母羊的不同情期发情情况和妊娠天数，如表 1-11
和表 1-12 所示。2001—2004 年的 4 年间，母羊的发情期主要集中在第一情期，
发情母羊数量占参配数的 98.15%~99.35%，而第二情期仅占 0.65%~3.78%。
母羊的妊娠期为（147.92 ± 3.89）d，泌乳量较少，羔羊经常需要代乳品来补
喂。母羊繁殖性能受到地方的气候条件、草场类型和饲养管理水平的影响很大。

表 1-11　新品种母羊的不同情期发情情况统计

年份	参配数（只）	第一情期		第二情期	
		n（只）	占比（%）	n（只）	占比（%）
2001	751	745	99.20	6	0.80
2002	2 311	2 296	99.35	15	0.65
2003	2 022	1 995	98.67	27	1.33
2004	2 376	2 332	98.15	9	3.78

表 1-12　新品种母羊的不同情期发情情况统计

年份	妊娠天数			
	n（只）	$\overline{X}$（d）	S	范围（d）
2001—2002	226	151	4.85	142~169
2002—2003	438	150	3.57	146~154
2003—2004	185	151	3.35	148~157

5. 遗传性能

1988—1989 年期间，对 7 只种公羊后裔的测定结果表明，只有 1 只种公羊的相对育种值未达到基准数 100%，但较为接近，为 97.53%，其余 6 只种公羊的相对育种值范围为 104%~141%，说明在育种过程中的遗传性能较稳定。

从单项性状的相对育种值看，被测种公羊在性状的遗传方面具有侧重性，有些在毛长、有些在体重方面具有侧重性。从后代毛色、是否含干死毛、等级羊比例来看，只有 1 只种公羊的后代纯白率、体白率达到 92.06%，杂色个体仅占 7.04%，其余种公羊的后代杂色个体占 20.00% 左右。2006 年测定的核心群羊的毛色纯白率为 92.87%，毛色体白率为 16.91%，毛色杂色个体比例只占 0.22%（表 1–13 和表 1–14）。就此可以看出，经过 11 年的选种选配，新品种羊的杂色个体比例下降了 13.81%，所有个体含干死毛的占比不到 1.00%，等级羊比例占 69.24%~82.77%。

表 1–13　2000 年和 2005 年新品种羊群的毛色统计

年份	类群	毛色					
		$S^{+①}$		S^{0}		S^{-}	
		n（只）	占比（%）	n（只）	占比（%）	n（只）	占比（%）
2000	核心群	153	78.87	29	14.95	12	6.19
	大群羊	538	73.80	85	11.66	106	14.54
2005	核心群	113	92.62	9	7.38		
	大群羊	147	86.47	23	13.53		

表 1–14　2006 年新品种羊群的毛色统计

类群	年龄	性别	毛色					
			S^{+}		S^{0}		S^{-}	
			n（只）	占比（%）	n（只）	占比（%）	n（只）	占比（%）
核心群	成年	♂	76	96.20	3	3.8		
		♀	227	92.27	18	7.32	1	0.41
	育成	♂	62	92.54	5	7.46		
		♀	65	91.54	6	8.45		

———————————

① S^{+}：毛色纯白；S^{0}：毛色体白；S^{-}：毛色杂色，全书同。

新品种羊群一级种公羊和种母羊产生的后代 50% 为一级羊，也说明了新品种羊具有较好的遗传稳定性。2004 年中国农业科学院北京畜牧兽医研究所遗传与资源研究室对 44 只彭波半细毛羊的微卫星基因标记试验结果，再次肯定了新品种羊的遗传性能较稳定。从表 1-15 可见，4 个藏羊群体的观察杂合度都比较高，平均为 0.641 2，其中岗巴羊的杂合度最高为 0.667 4，彭波半细毛羊杂合度最小为 0.637 8。遗传杂合度（H），又称基因多样度，用于衡量群体在微卫星位点上遗传变异。群体杂合度越高，反映品种（群体）的遗传多样性信息也越多。彭波半细毛羊的杂合度比长期以来一直进行纯种繁育的安多羊和岗巴羊要低，而且它的观察杂合度与期望杂合度比较接近，反映了较为稳定的遗传性能。

表 1-15　新品种羊群体在 12 个位点遗传变异分析结果

品种	平均期望杂合度	平均观察杂合度	观察等位基因数	有效等位基因数
安多羊	0.825 8	0.653 4	11.29	6.70
岗巴羊	0.801 6	0.667 4	10.33	6.01
江孜羊	0.800 5	0.625 5	9.93	5.78
彭波半细毛羊	0.819 9	0.637 8	11.50	6.67

利用 POPGENE 软件对群体之间的遗传距离与基因流（表 1-16）分析结果显示，彭波半细毛羊与安多羊的遗传距离最大，其后是岗巴羊，而与江孜羊的遗传距离最小。

表 1-16　新品种羊群体间的遗传距离和基因流

品种	安多羊	岗巴羊	江孜羊	彭波半细毛羊
安多羊	0.000	0.311	0.305	0.312
岗巴羊	3.545	0.000	0.286	0.295
江孜羊	7.749	3.530	0.000	0.262
彭波半细毛羊	8.133	3.590	8.697	0.000

聚类图（图 1-7）显示，彭波半细毛羊与江孜绵羊相聚，然后与岗巴绵羊相聚，最后与安多绵羊聚在一起。根据群体形成历史、地域生态环境和外貌特

征，岗巴羊属于河谷型和高原型的过渡类型；安多绵羊产于青藏高原唐古拉山北侧和托托河以南地区，为高原自然生态条件下形成的原始地方品种；江孜绵羊分布于雅鲁藏布江中游和年楚河流域，为当地居民以当地固有原始绵羊群体为基础经长期选育而形成的古老优良地方品种。聚类结构与地域分布、品种形成史基本一致。

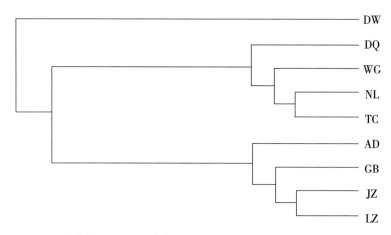

AD：安多绵羊；DQ：迪庆绵羊；GB：岗巴绵羊；JZ：江孜绵羊；LZ：
彭波半细毛羊；NL：宁蒗绵羊；TC：腾冲绵羊；WG：乌骨羊。

图 1-7　基于 9 个群体的 Nei 氏遗传距离的 UPGMA 聚类图

6. 适应性和生理常数特点

央金等（1999）对新品种成年羯羊血液生理指标的测定结果表明，除了呼吸数略高于正常值外，20 只参试羊的脉搏、肛温都在正常范围内。如表 1-17，测定的血液生理参数中血红蛋白数及浓度显著高于正常值，表明该新品种群为适应高海拔、低氧低压生态生活环境产生了适应性应激反应。西藏农牧学院江家椿等（1992）研究发现，在高原生活的动物不仅红细胞数量多，而且体积小。红细胞数目的增多和体积的变小，有利于血液输送氧，增加血氧含量，以满足机体在低氧环境中对氧的需要。

表 1-17　彭波半细毛羊新品种羊群的血液生理参数测定结果

项　　目		n（只）	$\overline{X}$	S	C·V	正常值范围
呼吸（次/min）		20	24.00	3.49	14.54	12~20
脉搏（次/min）		20	67.00	9.47	14.05	60~120
肛温（℃）		20	39.12	0.51	1.30	38.3~39.5
红细胞（个/mL）		17	8.3×10^6	1.50	18.04	6.0~12.0
血红蛋白（g/100mL）		17	14.60	2.62	17.95	10~15
红细胞比容（%）		17	26.49	3.80	14.35	29.9~33.6
平均红细胞容积（μm³）		17	32.47	2.45	7.42	30~32
平均红细胞血红蛋白（μg）		17	17.72	2.20	16.24	10.2~11
平均红细胞容积血红蛋白浓度（%）		17	55.36	8.99		32~36.8
血小板（个/L）		9	222.78×10^9	110.85	49.76	480×10^9
白细胞（个/L）		15	8 340	6.40	16.69	8 200
白细胞分类	嗜中性粒细胞（%）	17	0.52	0.09	18.18	0.33~0.48
	嗜酸性粒细胞（%）	17	0.14	0.07	52.09	0.47~0.67
	淋巴细胞（%）	17	0.34	0.08	24.60	0.09~0.41

新品种群的血液生化参数中（表1-18），参与机体免疫功能的白细胞数较高，而且白细胞中吞噬能力很强的噬中性粒细胞和淋巴细胞含量占绝大多数，有利于增强机体免疫力。血清总蛋白为79.85g/L，其中白蛋白和球蛋白分别为35.31g/L、44.54g/L，测定结果高于内地平均水平。这是由于西藏的高寒缺氧环境所致。血清磷含量属于正常范围，而血清钙含量低于正常值。

表1-18　彭波半细毛羊新品种羊群的血液生化参数测定结果

项目	n（只）	$\overline{X}$	S	C·V	正常值范围
血清总蛋白（g/L）	19	79.85	7.27	38.26	53.30
血清白蛋白（g/L）	19	35.31	2.50	10.79	30.70
血清球蛋白（g/L）	19	44.54			22.60
血清葡萄糖（mmol/L）	19	2.63	0.46	17.49	3.0~5.0
血清钙（mmol/L）	19	2.67	0.16	6.00	4.5~6.0
血清磷（mmol/L）	19	2.53	0.36	14.23	2.5~5.2

综上所述，彭波半细毛羊新品种羊能够适应西藏当地的生态条件显得尤为重要。

第二章
彭波半细毛羊品种改良

一、绵羊改良技术要点

1. 种羊的选择

优良的种公羊，要选择 1.5 岁左右的后备种公羊。要求毛色纯白、体格大、健壮、羊毛同质性好、羊毛密度大、产毛和产肉性能高于当地品种，具有完善的繁殖器官，最好是从专门的种羊场选购。

为加快羊群周转，必须留有数量足够的适龄母羊。留用的参配母羊，要求年龄 2~5 岁，体格健壮，能繁殖，每年淘汰不孕、老龄和病弱的母羊。

选择种羊最为简单可行的方法是"一查二看"。一查是查血统，查父母、祖父母是否为高产羊或良种羊。二看是看本身、看后代。在一查的基础上，重点看羊的本身情况和后代的生长发育。

种羊选择用"十看"法，即：看外形，看羊毛，看牙齿，看毛长，看毛细，看毛密，看毛弯，看毛匀，看毛着生，看油汗。

2. 抓好选配工作

（1）要选择适宜的配种时间。因为西藏早春季节通常都气候反常，新出生羔羊难以抵御忽冷忽热的气候变化。因此，要选择好配种时间，保障新出生羔羊能够茁壮成长。适宜的配种时间应选择在每年10月15日至11月25日，产羔时间刚好在来年3月15日至4月25日。这段时间天气比较暖和，在羔羊能采食时牧草也开始返青。

（2）公母比例要恰当。种公羊在参配母羊中的比例太高造成浪费，太低造成母羊空怀。一般在本交时公母比例应为1∶（40~50），人工授精时应为1∶（150~200）。

（3）抓好选配。本交时把选好的种公羊适时放进参配母羊群，进行自然交配即可。人工授精时，必须按其操作规程进行选配。具体方法，详见第三章中的"人工授精"。

（4）加强配种期种公羊的饲养管理。加强配种期种公羊的饲养管理，具体方法详见第三章中"人工授精"—2.人工授精技术环节—（1）配种前准备—③种公羊的饲养管理。

（5）加强杂交后代的饲养管理。杂交后代羊不仅含有外来品种的血液，而且其生产性能远高于当地原有的地方品种。为满足杂交后代羊的生理维持和生产需要，必须加强饲养管理，只有在良好的饲养管理条件下，才能使其杂种优势更好地发挥出来。

二、绵羊本品种选育要点

西藏的固有动物遗传资源中阿旺绵羊、多玛绵羊、霍巴绵羊、岗巴绵羊等品种可进行纯种繁育。纯种繁育的目的一方面要增加品种头数，更重要的是进一步提高品种的质量。不能简单地认为，纯种繁育就是用同一品种的公母羊交配而产生与亲代相似的后代。纯种绵羊如果不进行系统地育种工作，品种就会退化。纯种经过长期选育，遗传性状比较稳定。但所谓纯种并不是绝对的，不能认为纯种就是到了顶点再没有进一步提高的空间了。在纯种繁育过程中，为了在提高品种生产性能的同时不改变品种的生产方向，可以采取以下3种方法：品系繁育、引入外血和血液更新。

1.品系繁育

品系是在品种内具有共同特点，彼此有亲缘关系的个体所组成的遗传性状稳定的群体。在绵羊品种中往往有几个性状需要提高，如剪毛量、净毛率、油汗品质、羊毛长度、繁殖率等。考虑的性状越多，各个性状的遗传进展就越慢。如先分别建立几个不同性状的品系，然后通过品系间的杂交，再把几个性状结合起来，建立新的品系效果就会好得多。

一个品种的个体之间有它们共同的特性，即品种的特征，但每个个体不可能完全一样。从育种的角度考虑，应该在品种内保持一定的差异，以便帮助提高品种的质量。这就是把品种分成若干个具有各自特点，但相互间又没有亲缘关系的品系。所以品系就成了构成品种的主要结构单位。品系繁育不仅是建立品系，还要利用品系间杂配建立新的品系。

品系繁育的方法分为以下 3 个阶段。

（1）建立品系基础群。建立品系基础群应根据畜群情况、育种需要和品系的特点而定。一般有两种方法：一种是按血缘组群，另一种是按性状组群。按血缘组群的做法是先将羊群进行系谱分析，查清现有羊群中各公羊后裔的特点，选留优秀公羊的后裔作为建立品系的基础群。根据性状的表型来建立品系的基础群，此方法简单易行，具体做法是按照个体表型特点进行分群，不考虑血缘。例如根据净毛量、体格大小、羊毛长度来分群，这些群就成为建立各个品系的基础群。这种方法适合于遗传力高的性状。

（2）闭锁繁育。建立品系基础群虽然是一个具有共同特点的羊群，但是还不够完整、特点还不突出、个体数多、遗传性状也不够稳定。闭锁繁育是把基础群封闭起来，不再引入公羊，在基础群内选择公母羊繁殖，逐代淘汰不符合品系标准的个体。闭锁繁育的作用主要是巩固遗传性状。闭锁繁育不是单纯的自群繁殖，必须加强选种选配，每代都要根据品系特点来选择。由于基础群内基本上是同质的，因而用群体选配即可，不采用个体选配。优秀公羊应该多配母羊，质量较差的少配，尽量避免过近的亲缘交配。

（3）品系间的杂交。品系杂配存在杂配组合的问题，因为进行杂交的两个品系都是经过长期同质选配出来的，遗传性状比较稳定。因此结合两个品系特点的杂配，一般容易达到目的。例如净毛率高的品系和白色油汗品系杂配，就会有一部分后代净毛量较高并有白色油汗，这样就可以选择这些个体进行选配，建立新的品系。

2. 引入外血

凡基本符合需要，但仍存在某些个别缺点的品种，用纯种繁育不易克服时，可采用引入外血的方法进行品种改良。但是，引入外血不能改变原品种的生产方向和特性。有时一个品种虽然没有明显的缺点，但用纯种繁育继续提高它的生产性能很缓慢时，也可引入外血来提高。在引入外血之前，首先要将原品种作为引入品种，选择的品种对克服原品种的缺点应该有突出的针对性表现。由于同一品种的个体间差异很大，因此在决定引入血液的品种中，还必须选用最符合理想要求的种公羊，否则难以收到预期效果。

3. 血液更新

用血液更新方法来改良羊群品质，就是从外地引入同一个品种的优秀公羊来更新原羊群中所使用的公羊。出现以下情况时可以采用血液更新的方法。

（1）由于羊群比较小，长期的封闭育种使羊群中的所有个体都和某一头公羊有亲缘关系，并且已经发现由于近亲繁殖产生了不良影响，此时可以选用血液更新。

（2）一个品种引入到一个新的自然环境，在生产性能和羊毛品质表现出某些退化时，可再引入该品种生产性能高的公羊来更新血液。

（3）一个品种群的羊毛品质和生产性能达到一定水平后呈现停滞状态，不能再提高时，可以引入其他羊场生产性能较高的同一品种的公羊。

三、建立育种档案

种羊场的各种记录是为了便于管理羊群，检查和改进育种工作，为选种选配提供所需要的各种资料。种羊场所要建立的育种记载表格如下。

1. 种羊卡

种羊卡是种羊场需要建立的主要记录，每个种羊场应特别重视。种羊卡包括种公羊和种母羊卡片，内容主要是记录它们本身的生产性能、鉴定成绩、谱系、繁殖情况和历年产毛量和活重，如表2-1至2-8所示。

表2-1 种公羊卡片

个体编号出生日期	品种出生地点

表2-2 种母羊卡片

个体编号出生日期	品种出生地点

表2-3 生产性能及鉴定成绩

年份	年龄	鉴定	等级	产毛量（kg）	活重（kg）

表2-4 系谱

母				父			

表2-5 历年配种情况及后裔品质

年份	与配母羊数	产羔母羊数	所生羔羊数	后裔品质情况	
				断乳鉴定	一岁鉴定

表2-6　历年产毛量及活重记录

年份		产毛量（kg）	净毛率（%）	净毛量（kg）	春季体重（kg）	秋季体重（kg）	备注
	出生						
	断奶						

表2-7　生产性能及鉴定成绩

年份	年龄	鉴定	等级	产量（kg）	活重（kg）

表2-8　历年配种产羔成绩

年份	与配公羊数				产羔情况				羔羊断乳鉴定及断乳重	一岁时鉴定及生产性能	留种或淘汰
	羊号	品种	等级	配种日期	产羔日期	羔羊号	性别	初生重			

2. 繁殖记录

包括配种登记表（表2-9）、产羔登记表（表2-10），是配种和接羔时必须要用的表格。母羊繁殖统计表（表2-11）属统计性质，在配种、分娩、羔羊断乳等阶段结束后进行统计。

表2-9　配种登记表

序号	配种母羊		与配公羊		配种日期				分娩		备注
	耳号	等级	耳号	等级	第一次	第二次	第三次	第四次	预产日期	实产日期	

表2-10　产羔登记表

母羊耳号	母羊产羔临时号	母羊等级	与配公羊号	羔羊						备注
				耳号	出生日期	单双羔	性别	初生重	初生鉴定	

表 2-11 母羊繁殖统计表

年龄	适繁母羊总数	配种		妊娠		流产		分娩		产羔		育成		繁殖率（%）	繁殖成活率（%）	备注
		只数	配种率（%）	只数	妊娠率（%）	只数	流死产率（%）	只数	分娩率（%）	只数	产羔率（%）	只数	成活率（%）			

母羊繁殖性能指标计算方法如下：

配种率（%）＝配种母羊数 / 参加配种母羊数 × 100

妊娠率（%）＝妊娠母羊数 / 参加配种母羊数 × 100

流死产率（%）＝流死产母羊数 / 受胎母羊数 × 100

分娩率（%）＝分娩母羊数 / 妊娠母羊数 × 100（分娩母羊数为达到产羔期正产和难产的母羊数量）

产羔率（%）＝产活羔羊数 / 分娩母羊数 × 100（产出后凡能正常呼吸的羔羊按活羔羊计算）

双羔率（%）＝产双羔母羊数 / 分娩母羊数 × 100

断奶成活率（%）＝断奶成活羔羊数 / 产活羔羊数 × 100

繁殖率（%）＝实繁母羊数 / 应繁母羊数 × 100

繁殖成活率（%）＝年内成活羔羊数 / 产活羔羊头数 × 100

四、彭波半细毛羊品种改良

1. 选择引进品种

彭波半细毛羊培育中引进的父本有苏联美利奴羊、新疆细毛羊、茨盖羊、边区莱斯特羊，其中新疆细毛羊和茨盖羊是起主导作用的父本羊。20 世纪 60 年代引进的苏联美利奴和新疆细毛羊在改良当地羊的羊毛品质、产毛量和毛色等方面起到了重要作用，尤其是新疆细毛羊的作用更大。茨盖羊在半细毛羊品种改良中并不是最好的品种，单从生产性能来看，其毛长、剪毛量及剪毛后体重都不如罗姆尼和边区莱斯特羊。但是从适应性来看，茨盖羊最好，它不仅在海拔 3 820m 的澎波地区生长繁殖，而且在海拔 4 500m 以上的阿里扎达种畜场也能较好地适应，是阿里扎达种羊场的半细毛羊新品种群培育的主要父系品种。而边区莱斯特羊在澎波地区很难纯种繁殖，曾引进的 40 多只羊因适应性不好而转移到林芝地区饲养。因此，在自然条件严酷的西藏，要引进新品种羊，不仅要看生产性能，更要看适应性。

2. 彭波半细毛羊的亲本

（1）澎波河谷当地羊的体貌特点及生产性能。1960 年 6 月对澎波河谷当地成年藏羊的体貌特点和生产性能进行了调查研究。在外形上：公羊大多数有角，母羊无角，公羊头宽平均 12.2cm、头长 21.2cm，母羊头宽 11.0cm、头长 20.0cm，公羊尾长 11.8cm，母羊尾长 11.6cm，尾短呈锥形。

毛色：96.5％的当地成年藏羊为杂色，其中头部、躯体和四肢均为杂色的个体占 15.0％，头部和四肢为杂色的个体占 63.3％，仅头部为杂色的个体占 20.0％，纯白个体只占 1.5％（表 2-12）。

表 2-12 澎波当地成年藏羊的毛色统计

年龄	性别	杂色						纯白	
		头部		头、四肢		头、四肢、躯体			
		n（只）	占比（％）	n（只）	占比（％）	n（只）	占比（％）	n（只）	占比（％）
成年	♂	7	22.6	21	67.7	3	9.7		
	♀	5	17.2	17	58.6	6	20.7	1	3.5
合计（平均）		12	19.9	38	63.2	9	15.2	1	1.7

体尺：公羊的平均体高为 54.4cm，体长为 59.0cm，胸围为 68.0cm；母羊的平均体高 52.14cm，体长 56.6cm，胸围 65.7cm（表 2-13）。

表 2-13　澎波当地成年藏羊的体尺测定结果

年龄	性别	n（只）	体高（cm）		体长（cm）		胸围（cm）	
			平均	范围	平均	范围	平均	范围
成年	♂	5	54.40	50.0~57.0	59.0	55.0~62.0	68.0	62.0~73.0
	♀	210	52.14	48.0~60.0	56.6	49.0~68.0	65.7	58.0~75.0

主要生产性能：公羊平均活重为 20.4kg、母羊活重 18.5kg，公羊剪毛量因患疥癣病平均仅为 0.6kg，母羊为 0.8kg。由于患疥癣病，公羊平均毛长仅为 6.0cm、母羊为 7.0cm（表 2-14）。

表 2-14　澎波当地成年藏羊的主要生产性能测定结果

年龄	性别	n（只）	活重（kg）		产毛量（kg）		毛长（cm）	
			平均	范围	平均	范围	平均	范围
成年	♂	5	20.4	15.5~25.0	0.6	0.3~1.3	6.0	4.5~9
	♀	230	18.5	12.3~28.0	0.8	0.3~1.5	7.0	4.5~9

不同年龄阶段的体重和体尺：当地藏羊新生公母羔羊的初生重分别在 1.30~2.50kg 和 1.20~2.5kg，平均初生重分别为 2.24kg、2.21kg；断奶体重分别为 9.42kg、8.36kg，断奶时公母羔羊的体高分别在 38.0~45.0cm 和 34.0~44.0cm，体长分别在 38.0~47.0cm 和 37.0~46.0cm，胸围分别在 50.0~57.0cm 和 49.0~54.0cm（表 2-15）。1.5~3.5 岁的体重、体尺指标同样进行了统计。

表 2-15　不同年龄澎波当地藏羊的体重和体尺测定结果

年龄	项目	♂			♀		
		n（只）	平均	范围	n（只）	平均	范围
初生	体重（kg）	49	2.24	1.30~2.50	49	2.21	1.20~2.40
断奶	体重（kg）	22	9.42		2	8.36	
	体高（cm）		42.00	38.0~45.0		41.50	34.0~44.0
	体长（cm）		44.00	38.0~47.0		43.10	37.0~46.0
	胸围（cm）		54.20	50.0~57.0		52.90	49.0~54.0

（续表）

年龄	项目	n（只）	♂ 平均	范围	n（只）	♀ 平均	范围
1.5 岁	剪毛后体重（kg）		12.46			10.99	
	体高（cm）	19	47.65	38.0~54.0	5	47.50	40.0~51.0
	体长（cm）		53.60	46.0~59.0		50.60	46.0~59.0
	胸围（cm）		55.64	43.0~60.0		55.60	50.0~62.0
2.5 岁	剪毛后体重（kg）		19.53			15.84	
	体高（cm）	34	55.32	49.0~63.0	43	54.59	41.5~66.0
	体长（cm）		58.72	52.0~68.0		55.27	40.5~63.0
	胸围（cm）		64.04	56.0~72.0		60.22	44.0~73.0
3.5 岁	剪毛后体重（kg）		20.40	15.50~25.0		18.50	12.30~28.0
	体高（cm）	5	54.40	50.0~57.0	230	52.14	48.0~60.0
	体长（cm）		59.0	55.0~62.0		56.60	49.0~68.0
	胸围（cm）		68.0	62.0~73.0		65.70	58.0~75.0

（2）引进的苏联美利奴绵羊的特点及生产性能。苏联美利奴羊是由马扎也夫美利奴——新高加索美利奴改良培育而成的。该品种可分为毛用、毛肉兼用两种类型，均具有坚实的体质和良好的体格。通常，颈部均具有 2~3 个横皱褶，头、腹及四肢羊毛着生良好，被毛表现出明显的美利奴羊的特征。成年公母羊平均剪毛后体重为 101.4kg、54.9kg，成年公母羊平均剪毛量分别为 16.1kg、7.7kg，它们的净毛量分别为 6.2kg、2.68kg，毛长 8~9cm，细度 64 支为主，产羔率达 120%~130%。

苏联美利奴羊能够较好地适应干旱地区。引入我国的苏联美利奴羊经过短期饲养，基本适应我国各地的草原条件。该品种 1950 年引入我国，饲养在东北、华北、华东、西南等，用以杂交改良蒙古羊、藏羊、寒羊等品种。它是内蒙古细毛羊、敖汉细毛羊等的主要父系，是改良粗毛羊的有效品种之一。澎波农场 1960 年 10 月引进了 30 只苏联美利奴羊，1961 年和 1962 年活重和羊毛品质测定结果见表 2-16 和表 2-17。

表2-16 引进苏联美利奴羊活重和剪毛量统计

品种	性别	年龄（岁）	年份	n（只）	活重（kg）		剪毛量（kg）	
					平均	范围	平均	范围
苏联美利奴	♂	1	1961	3	75.5	71.5~79.4	9.1	7.5~10.6
苏联美利奴	♀	2	1961	27	40.0	33.2~51.6	4.6	3.4~7.3
苏联美利奴	♂	3	1962	3	77.5	75.0~82.5	11.0	9.8~12.0
苏联美利奴	♀	3	1962	27	45.6	35.0~58.5	7.4	5.3~10.3
比较	♂				+2.0		+1.9	
	♀				+5.6		+2.8	

表2-17 引进苏联美利奴羊羊毛品质统计

年份	品种	年龄（岁）	性别	n（只）	毛长（cm）		毛细（支）						毛密			
							60		64		70		M①		M+	
					平均	范围	n（只）	占比（%）	n（只）	占比（%）	n（只）	占比（%）	n（只）	占比（%）	n（只）	占比（%）
1960	苏联美利奴	1	♂	3	8.2	8.0~8.5			3	100			3	100		
			♀	27	7.3	7.0~7.5			27	100					27	100
1961	苏联美利奴	2	♂	3	7.8	7.5~8.0			2	67	1	33			3	100
			♀	27	7.1	6.0~8.5	6	22	16	59	5	19	14	52	13	48

（3）引进的新疆细毛羊的特点及生产性能。新疆细毛羊是利用高加索细毛羊和泊利考斯细毛羊为父本，以当地哈萨克羊和蒙古羊为母系，进行杂交育成的我国第一个细毛羊品种。自1954年品种命名以来，推广到全国20多个省（区、市），为我国细毛羊和半细毛羊改良和育种工作做出了重大贡献。

该品种羊体质结实，发育良好。公羊鼻梁稍隆起，母羊平直；公羊大多数具有螺旋形大角，母羊大多数无角或具有小角，公羊颈部具有1~2个完全或不完全的横皱褶，母羊大多数具有发达的纵垂皮，也有少数具有完全或不完全的横皱褶；胸宽而深，背腰宽而平直，体躯较长，后躯发育稍差，四肢结实；头部毛覆盖至两眼连线，前肢至腕关节，后肢至飞节。

---

① M：羊毛密度正常；M+：羊心密，全书同。

新疆细毛羊是在放牧条件下育成的，所以较耐粗放饲养管理。主要生产性能见表2-18。

表2-18　新疆细毛羊的主要生产性能（1976年测定）

羊别		体重（kg）			产毛量（kg）			净毛率（%）	羊毛长度（cm）		
年龄	性别	n	X	S	n	X	S		n	X	S
成年	♂	23	85.60	8.86	16	11.61	1.69	47.47	16	10.25	1.10
	♀	6 783	47.74	5.66	6 936	5.73	0.87	44.27	2 417	8.10	1.08
周岁	♂	1 217	43.08	7.05	1 284	4.88	0.92	45.21	1 350	7.48	0.80
	♀	1 904	34.62	4.06	2 289	4.39	0.91	45.22	2 860	7.53	0.89

1963年10月从新疆军区建设兵团引进了198只新疆细毛羊，其中一部分饲养在拉萨八一农场。引进后母羊的剪毛量为3.82kg，稍低于原产地标准剪毛量，但公羊的剪毛量降低了1.57kg（表2-19）。其他生产性能指标在引进前后的变化情况，如表2-20至表2-23所示。

表2-19　新疆细毛羊引进前后的剪毛量比较

性别	剪毛量	
	原产地标准剪毛量（kg）	引进后的剪毛量（kg）
♂	11.47	9.90
♀	3.94	3.82

表2-20　引进新疆细毛羊的体尺变化情况

项目	性别	体尺				
		体高（cm）	体长（cm）	胸围（cm）	管围（cm）	剪毛后体重（kg）
标准	♂	平均 74.50	90.62	123.37		98.65
		范围 70~84	84~94	110~138		
入藏后		平均 79.25	84.0	124.00	11.62	98.50
		范围 78~80	79~92	117~133	10.5~12.0	

（续表）

项目	性别		体尺				
			体高（cm）	体长（cm）	胸围（cm）	管围（cm）	剪毛后体重（kg）
标准	♀	平均	67.72	80.17	88.50		53.12
		范围	65~72	77~84	82~96		
入藏后		平均	70.55	75.25	95.63	8.40	52.18
		范围	63~77	65~85	82~109	7.5~9.5	

表 2-21　引进新疆细毛羊的羊毛细度

性别	年龄（岁）	n（只）	羊毛细度（支）									
			56		58		60		64		70	
			n	%	n	%	n	%	n	%	n	%
♂	4	4					1	25	3	75		
♀	3~4	30	1	3.33	4	13.33	6	20	13	43.35	6	20

注：3月1日测定。

表 2-22　引进新疆细毛羊的毛长

性别	年龄（岁）	n（只）	平均	羊毛长度（cm）							
				6.0以下		6.5~7.0		7.5~8.0		8.0~9.0	
				n（只）	占比（%）	n（只）	占比（%）	n（只）	占比（%）	n（只）	占比（%）
♂	4	14	6.76	11	25	3	75				
♀	3~4	30	6.75	11	36.66	11	36.66	7	23.33	1	3.33

注：3月1日测定。

表 2-23　引进新疆细毛羊羔羊的毛长

类群		羊毛长度		
		n（只）	平均（cm）	范围（cm）
单羔	♂	25	4.41	3.25~5.25
	♀	24	4.36	3.25~5.10
双羔	♂	6	2.85	1.85~3.30
	♀	7	2.65	2.20~3.50

（4）引进茨盖羊的特点及生产性能。茨盖羊是一个古老的毛肉兼用型半细毛羊品种，很久前就已经繁殖在小亚细亚，后经罗马尼亚、匈牙利，并于 20 世纪初引入苏联，主要分布在苏联、罗马尼亚、保加利亚、匈牙利、蒙古等国家。由于该品种体质结实，耐苦性强，对饲养条件要求不高，而且其羊毛为毛织品和工业用呢的良好原料。因此，茨盖羊得到了广泛的应用。

该品种羊体格较大，公羊有螺旋形大角，母羊无角或有角痕，胸深，背腰较宽而直。成年羊皮肤无皱褶，在羔羊中有时可见到具有横皱褶的个体，但这种皱褶到周岁时便消失。被毛覆盖头部至眼线，前肢达腕关节，后肢达飞节。毛色纯白，但部分个体在面部、耳及四肢有黑色或褐色小斑点。成年公羊平均剪毛后体重为 80~90kg，成年母羊为 50~55kg；成年公羊剪毛量为 6~8kg，成年母羊剪毛量 3.5~4kg，净毛率达 50% 左右，毛长 8~9cm，细度 46~56 支，产羔率 115%~120%，屠宰率 50%~55%。茨盖羊还具有良好的泌乳性能。茨盖羊的缺点是生产性能较低，毛长不理想，部分个体羊毛不够均匀（股部有粗毛）。

我国 1950 年从苏联引入茨盖羊，主要饲养在内蒙古、青海、甘肃、四川等省（区）。半个多世纪以来，饲养繁殖和改良效果良好，是青海半细毛羊的主要父系。西藏于 1974 年引进了茨盖羊，作为培育彭波半细毛羊的主要父系。资料记载的茨盖羊的生产性能指标，见表 2-24 至表 2-26 所示。

表 2-24 茨盖羊的生产性能指标

年龄	性别	剪毛量（kg）	剪毛后体重（kg）	羊毛细度（支）	毛长（cm）	净毛率（%）	产羔率（%）
成年羊	♂	6.0~8.0	80.0~90.0	46~56	8~9	50	115~120
	♀	3.5~4.0	50.0~55.0	46~56			

表 2-25 2001 年引进茨盖种公羊的三大产毛性能测定结果

年龄	n（只）	毛长（cm）			剪毛量（kg）			剪毛后体重（kg）		
		$\overline{X}$	S	C·V	$\overline{X}$	S	C·V	$\overline{X}$	S	C·V
育成羊	19	10.55	1.34	12.70	2.77	0.33	12.10	38.32	3.63	9.47
成年羊	5	10.52	1.14	10.70	3.72	0.65	17.47	51.20	2.64	5.15

表 2-26　2001 年引进茨盖种公羊的羊毛细度与油汗测定结果

年龄	n（只）	细度（支）				油汗含量					
		56		58		1/2		1/3		1/4	
		n（只）	占比（%）	n（只）	占比（%）	n（只）	占比（%）	n（只）	占比（%）	n（只）	占比（%）
育成羊	19	15	78.95	4	21.05	1	5.26	8	42.11	10	52.63
成年羊	5	1	20.00	4	80.00	1	20.00	3	60.00	1	20.00

（5）引进的边区莱斯特羊的特点及生产性能。边区莱斯特羊是 19 世纪中叶，苏格兰采用英国莱斯特羊与山地雪福特品种母羊杂交培育成的绵羊品种。该品种体制结实，体形良好，体躯长，背腰宽平。主要生产性能如表 2-27 至表 2-29 所示。

表 2-27　边区莱斯特羊的生产性能指标

年龄	性别	毛长（cm）	剪毛量（kg）	剪毛后体重（kg）	羊毛细度（支）	净毛率（%）	产羔率（%）
成年	♂	20~25	5~9	90~140	44~48	65~80	150~200
	♀	20~25	3~5	60~80	44~48		

表 2-28　边区莱斯特羊的体尺和剪毛后体重

类群	体高（cm）	体斜长（cm）	胸围（cm）	剪毛后体重（kg）
父				
2 岁后代	87.0	88.0	71.9	47.7
1 岁后代	76.0	77.5	58.6	27.0
母				
2 岁后代	91.0	91.9	89.3	73.5
1 岁后代	83.2	78.0	70.3	41.6

表2-29 边区莱斯特羊母羊的历年繁殖情况统计

年份	适繁母羊数	怀胎数		流产数		死胎数		实际产羔羊数		
		n（只）	占比（%）	n（只）	占比（%）	n（只）	占比（%）	实产母羊	羔羊数	产羔率（%）
1977	30	17	58.7			1	5.9	16	19	119

五、彭波半细毛羊杂交过程与效果

1. 澎波当地藏羊与苏联美利奴羊的杂交效果

引进苏联美利奴羊后，对澎波当地藏羊进行了杂交改良。杂交后代在剪毛后体重、剪毛量、羊毛品质等方面取得了较好的杂交效果。

（1）杂交羊的生长发育情况。与当地羔羊相比，杂交羔羊的初生体重有较明显的提高。杂交一代公羔羊初生重比当地羊提高了0.37kg，母羔羊提高了0.25kg，杂交二代公羔羊的初生重比一代提高了0.02kg，体尺指标也有不同程度的提高（表2-30）。

表2-30 杂交羊与当地羊的初生体重和体尺比较

类群	性别	n（只）	初生重（kg）	范围（kg）	体尺（cm）		
					体长	体高	胸围
杂交一代	♂	49	2.61	1.5~3.25	31.78（29~35）	28.0（25~32）	32.0（29~37）
	♀	56	2.40	1.4~3.0	31.5（26~36）	27.87（22~33）	31.52（28~37）
杂交二代	♂	15	2.63	2.25~3.75	31.8（27~34）	27.8（26~30）	3.08（28~34）
	♀	20	2.40	2.1~3.4	31.25（26~33）	27.25（24~32）	30.9（27~35）
当地藏羊	♂	27	2.24	1.3~2.5			
	♀	22	2.21	1.2~2.4			

杂交羊和当地羊均在生后4个月断奶，断奶时杂交一代公母羔的体重比当

地羊分别高 1.49kg、1.83kg，体尺也有较显著的改善（表 2-31）。1.5~2.5 岁
的杂交羊生长发育快，表现在剪毛后体重与体尺方面的明显改善。

表 2-31　杂交羊与当地羊断奶体重和体尺比较

类群	性别	n（只）	断奶体重（kg）		体尺（cm）		
					体高	体长	胸围
			平均	范围	平均（范围）	平均（范围）	平均（范围）
杂交一代	♂	49	10.9	7.5~12	43.3（38~48）	46.3（41~49）	56.1（50~60）
	♀	50	10.2	7.0~12	42.2（35~49）	47.3（37~49）	55.4（50~60）
杂交二代	♂	6	10.0	8.5~11	42.3（38~47）	44.7（39~57）	53.4（47~62）
	♀	5	10.2	8~12	40.2（38~42）	42.8（39~45）	52.8（45~56）
当地藏羊	♂	22	9.4		42.0（38~45）	44.0（38~47）	54.2（50~57）
	♀	18	8.4		41.5（34~44）	43.1（37~46）	52.9（49~54）

杂交一代育成公母羊的剪毛后体重比同龄的当地藏羊分别提高 5.66kg、
5.34kg，杂交二代成年公母羊的剪毛后体重比同龄的当地藏羊分别提高 4.59kg、
4.48kg。一、二代杂交羊的体尺也有明显的改善（表 2-32）。

表 2-32　育成和成年杂交羊与当地藏羊的剪毛后体重和体尺比较

类群	年龄（岁）	性别	n（只）	体重（kg）	体尺（cm）		
					体高	体长	胸围
					平均（范围）	平均（范围）	平均（范围）
杂交一代	1.5	♂	30	18.12	56.00（50~59）	57.00（50~63）	61.33（53~71）
	1.5	♀	40	16.33	51.63（47~56）	55.00（50~61）	60.00（53~65）
当地藏羊	1.5	♂	19	12.46	47.65（38~54）	53.60（46~59）	55.64（43~60）
	1.5	♀	5	10.99	47.50（40~51）	50.60（46~59）	55.60（50~62）

（续表）

类群	年龄（岁）	性别	n（只）	体重（kg）	体尺（cm）		
					体高	体长	胸围
					平均（范围）	平均（范围）	平均（范围）
杂交二代	2.5	♂	21	24.12	57.00（52~61）	61.29（55~66）	66.9（59~73）
	2.5	♀	12	20.32	55.67（53~58）	58.75（54~63）	66.46（60~70）
当地藏羊	2.5	♂	34	19.53	55.32（49~63）	58.72（52~68）	64.04（56~72）
	2.5	♀	43	15.84	54.59（41~66）	55.27（40.5~63）	60.22（44~73）

（2）杂交羊剪毛量增加情况。杂交羊和当地羊均在 1.5 岁第一次剪毛，杂交羊剪毛量比当地羊有明显的提高（表 2-33）。1.5 岁杂交一代公羊剪毛量比当地同龄羊增加 0.82kg，是藏羊的 2.28 倍；母羊剪毛量比当地同龄羊增加 0.96kg，是藏羊的 2.88 倍。2.5 岁杂交一代公羊剪毛量比当地羊同龄羊增加 1.09kg，是藏羊的 2.47 倍；母羊剪毛量比当地同龄羊增加 0.92kg，是藏羊的 2.53 倍。1.5 岁杂交二代公羊剪毛量比当地同龄羊增加 1.29kg，是藏羊的 3.02 倍；母羊剪毛量比当地同龄羊增加 1.15kg，是藏羊的 3.25 倍。

表 2-33　杂交羊与当地藏羊的剪毛量比较

类群	性别	年龄（岁）	n（只）	平均剪毛量（范围）（kg）
杂交一代	♂	1.5	24	1.46（0.80~2.10）
	♀	1.5	44	1.47（1.00~2.05）
杂交二代	♂	1.5	6	1.93（1.40~2.15）
	♀	1.5	5	1.66（1.15~2.00）
藏羊	♂	1.5	21	0.64（0.50~0.90）
	♀	1.5	17	0.51（0.40~0.80）
杂交一代	♂	2.5	21	1.83（1.25~2.55）
	♀	2.5	11	1.52（1.30~1.90）
藏羊	♂	2.5	33	0.74（0.50~0.95）
	♀	2.5	25	0.60（0.45~0.86）

（3）杂交羊的羊毛品质改良效果。杂交后代不仅羊毛产量高，而且品质也得到了较大的改善。根据测定结果分析，杂交羊的羊毛密度明显增加，无髓毛比当地羊增加了13.8%，两型毛减少了一半，粗死毛的百分比有所降低（表2-34）。杂交羊的羊毛细度也有了明显改进。当地藏羊以40支居多（占55%），杂交羊以50支居多（占55%），有些杂交羊的羊毛细度达到60支（表2-35）。

表2-34　杂交羊和当地藏羊的羊毛细度比较

类群	性别	年龄（岁）	根（cm²）	无髓毛		两型毛		粗死毛	
				根（cm²）	占比（%）	根（cm²）	占比（%）	根（cm²）	占比（%）
杂交一代	♂	2.5	4 033	3 468	85.99	450	11.16	115	2.85
当地藏羊	♂	1.5	2 875	2 174	72.14	642	22.33	159	5.5
当地藏羊	♀	5.5	2 865	2 149	75.01	554	19.34	162	5.65

表2-35　杂交羊和当地藏羊的羊毛长及细度比较

类群	性别	n（只）	毛长（cm）	羊毛细度（支）													
				40		44		46		50		56		58		60	
				n（只）	占比%	n（只）	占比（%）	n（只）	占比（%）	n（只）	占比（%）	n（只）	占比（%）	n（只）	占比（%）	n（只）	占比（%）
杂交一代	♂	20	7.77							12	60	4	20	4	20		
杂交一代	♀	20	7.90					3	15	11	55	3	15	2	10	1	5
杂交二代	♂	9	7.50							5	54	2	28	2	28		
杂交二代	♀	5	7.30							1	20	2	40			2	40

（续表）

类群	性别	n（只）	毛长（cm）	40 n（只）	40 占比（%）	44 n（只）	44 占比（%）	46 n（只）	46 占比（%）	50 n（只）	50 占比%	56 n（只）	56 占比（%）	58 n（只）	58 占比%	60 n（只）	60 占比（%）
当地藏羊	♀	20	7.00	11	55	6	30	2	10	1	5						

（4）杂交羊的毛色改良效果。从表中数据分析，20世纪60年代对澎波当地母羊的毛色统计结果96.5%为杂色。用苏联美利奴羊杂交后产生的苏藏一代纯白个体比例提高了1.5%，与表2-36比较，其杂色程度有了一定的改善：苏藏一代羊仅头部有杂色者占8.3%，比藏羊减少11.7%，头和四肢有杂色者占15.0%，比藏羊减少28.3%，而头部、躯体和四肢均有杂色者占71.7%，比藏羊增加35.0%。但苏藏一代毛色已有改良现象，如12只头部有杂色的母羊所产羔羊中1只为纯白，26只头部和四肢有杂色的母羊所产羔羊5只为纯白，22只头、四肢、躯体有杂色的母羊所产羔羊2只为纯白色。

表2-36　母羊杂色与其后代的关系统计

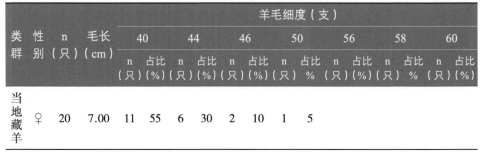

当地母羊 纯白 n（只）	纯白 占比（%）	杂色分类 n（只）	杂色分类 占比（%）	苏藏一代杂色程度 纯白 n（只）	纯白 占比（%）	头部 n（只）	头部 占比（%）	头和四肢 n（只）	头和四肢 占比（%）	头、四肢、躯体 n（只）	头、四肢、躯体 占比（%）	杂色占母羊的比例 n（只）	杂色占母羊的比例 占比（%）
1	3.5	28	96.5	3	5.0	5	8.3	9	15.0	43	71.7	57	95.0

2. 茨新（美）藏羊三品种杂交改良效果

新藏和美藏细毛羊的杂交后代1973年已经达到三代，此后陆续引进了茨盖羊和边区莱斯特羊两个半细毛羊品种，进行了三元杂交。经过几代杂交试验结果证实茨系杂交组合的适应性更好（表2-37）。

三元杂交羊的剪毛量比细毛杂交羊有明显提高。1.5岁三元杂交公羊的剪毛量比同龄的细毛杂交一代羊增加了 0.21kg，母羊的剪毛量比同龄的细毛杂交一代羊增加了 0.11kg；2.5 岁三元杂交公羊的剪毛量比同龄的细毛杂交一代羊增加了 0.12kg，母羊的剪毛量比同龄的细毛杂交一代羊增加 0.18kg；2.5 岁三元杂交公羊的剪毛量比同龄细毛杂交二代羊增加 0.88kg，母羊的剪毛量比同龄细毛杂交二代羊增加 3.33kg。三元杂交羊的剪毛后体重比较细毛杂交羊也有明显地提高。1.5 岁三元杂交公羊的剪毛后体重比同龄的细毛杂交一代羊增加了 2.80kg，母羊的剪毛后体重较同龄的细毛杂交一代羊增加 2.53kg。羊毛细度保持在半细毛羊要求的范围内。

表 2-37　茨新（美）藏羊的生产性能测定结果

年龄	性别	剪毛量（kg）		剪毛后体重（kg）		羊毛细度（支）
		平均	范围	平均	范围	
1.5 岁	♂	1.67	1.25~2.05	20.92	17.50~24.75	46~58
	♀	1.58	0.75~2.70	18.86	16.25~21.50	46~58
2.5 岁	♂	1.95	1.45~2.73	25.00	19.95~27.25	46~58
	♀	1.70	0.68~2.63	23.65	19.50~30.25	46~58

　　如表 2-38 所示，1.5 岁三元杂交公羊的体高比同龄细毛杂交一代羊增加了 2.95cm，母羊的体高比同龄细毛杂交一代羊增加 1.65cm；1.5 岁三元杂交公羊的体长比同龄的细毛杂交一代羊增加 5.00cm，母羊的体长比同龄细毛杂交一代羊增加 5.19cm；1.5 岁三元杂交公羊的胸围比同龄的细毛杂交一代羊增加 8.52cm，母羊的胸围比同龄细毛杂交一代羊增加了 4.74cm。

表 2-38　茨新（美）藏羊的体尺测定结果

性别	年龄（岁）	n（只）	体高（cm）	体长（cm）	前胸宽（cm）	胸围（cm）	十字部宽（cm）
♂	1.5	20	58.95	62.00	16.50	69.85	13.90
			54~78	57~70	13~20	65~78	12~15.5
♀	1.5	43	53.28	60.19	14.14	64.74	13.53
			47~58	53~67	12~17	59~72	12~16

如表 2-39 所示，三品种杂交公羔的初生重比细毛杂交一、二代公羔分别提高 0.28kg、0.26kg，同比一、二代母羔的初生重分别提高 0.35kg；三品种杂交公羔的断奶重比细毛杂交一、二代公羔分别提高 1.45kg、2.36kg，同比一、二代母羔的断奶重分别提高 0.54kg、0.52kg。

表 2-39　茨新（美）羔羊的体重统计结果

品种	性别	n（只）	初生重（kg）	断奶重		18 月龄重	
				活重（kg）	平均日增重（g）	活重（kg）	平均日增重（g）
茨新（美）藏羊	♂	80	2.89 1.65~3.75	12.36 9.60~15.0	74.70	17.14 11~27.5	17.84
茨新（美）藏羊	♀	71	2.75 1.05~4.0	10.72 8.7~14	69.70	14.86 9.25~21.5	13.53

从表 2-40 可以看出，茨新（美）藏羊比新美藏羊在分娩率、产羔率、断奶成活率及繁殖成活率等方面有了很大的提高，甚至超过了父本茨盖羊的繁殖性能，因为有了一定比例的当地羊的血液。

表 2-40　茨新（美）母羊繁殖情况统计

品种	适繁母羊数（只）	参配		妊娠		流产		产羔		断奶成活		繁活率（%）
		n（只）	占比（%）	n（只）	占比（%）	n（只）	占比（%）	n（只）	占比（%）	n（只）	占比（%）	
茨盖羊	35	35	100	31	88.57	2	6.45	29	82.86	22	75.86	62.86
新美藏羊	69	69	100	64	92.75	10	15.63	54	78.26	42	80.77	60.87
茨新（美）藏羊	250	250	100	226	90.4	3	1.33	223	89.20	211	94.62	84.40

3. 横交固定阶段

三品种杂交代数达到三代后，杂交羊出现了理想型个体，故在 1983 年进行了横交固定试验，经过横交固定，横交羊的生产性能较理想。

4. 导入后的组合试验

1988 年经区内专家阶段性验收，形成了彭波毛肉新品种群，针对当时存在的剪毛后体重、剪毛量达不到育种指标要求，决定再次从内蒙古引进茨盖羊，进行导血试验。1994年以后引进了茨盖羊。导入了茨盖血液后，与原品种群相比，在生长发育、毛长、剪毛量和剪毛后体重、毛色纯白率等方面有了明显的改善，说明引进茨盖种公羊及其导入效果良好。

1994年开始导入了茨盖外血，经过几年的导入组合实验，其结果是1/2血的茨盖后代生产性能、适应性等方面较优于1/4血。因此，新品种群的导入后代以1/2茨盖血为宜。

5.导入后代横交固定

导血到了一定的阶段（一、二代），出现理想型公母羊时，必须及时进行横交固定，否则代数过高影响适应性。横交时不能过分强调所有性状全面达到理想化，尤其在澎波当地母羊基础较差的条件下，所有性状达到理想是很难办到的，因此，根据所定的育种指标，主要性状达到理想化就可进入横交阶段，某些非理想的性状在横交时利用正负遗传相关加以选育就可达到理想化。1994年开始导入1/2茨盖血后新品种羊的主要性状有了较大的改善，故及时地进行了横交固定工作。

6.澎波当地羊与引进羊的杂交示意图

图2-1和图2-2分别示意了澎波当地羊与美利奴或新疆细毛羊、新（美）

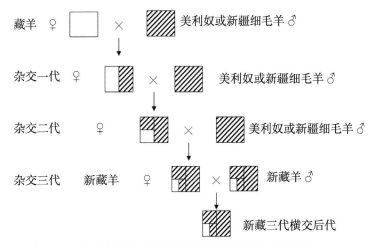

图2-1　澎波当地羊与美利奴或新疆细毛羊的杂交示意图

藏羊的杂交过程及其子代情况。图2-3为彭波半细毛羊改良后代羔羊，深受老百姓喜爱。

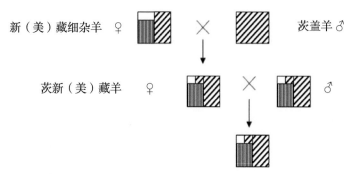

新（美）藏细杂羊♀ × 茨盖羊♂

茨新（美）藏羊♀ × ♂

茨新藏羊（含50%茨血，含新血43.75%，含藏血6.25%）

图2-2　澎波当地羊与新（美）藏羊的杂交示意图

图2-3　彭波半细毛羊改良后代羔羊（德庆卓嘎　供图）

六、改良种羊的推广效果

自1988年彭波半细毛羊新品种群形成后，先后向拉萨市、山南市、日喀则市及阿里扎达种羊场推广了3 000只种羊。分别于2000年和2005年对山南市琼结县推广后代的主要生产性能进行了测定。

在剪毛后体重上，2000年测得改良成年公母羊的剪毛后体重比当地羊分

别提高了 3.33kg、1.36kg，改良育成公母羊的剪毛后体重比当地羊分别提高了
4.02kg、7.66kg（表 2-41）。2005 年再次测定时，改良成年公母羊的剪毛后体
重比当地公母羊分别提高了 10.92kg、14.20kg，改良育成公母羊的剪毛后体重
比当地羊分别提高了 15.24kg、12.10kg。

表 2-41　2000 年和 2005 年山南琼结县改良与藏羊剪毛后体重对照

年份	品种	性别	成年羊		育成羊	
			n（只）	平均体重（kg）	n（只）	平均体重（kg）
2000	改良羊	♂	30	29.61 ± 3.41	36	21.26 ± 3.07
		♀	30	23.88 ± 2.42	30	23.78 ± 3.27
	当地羊	♂	30	26.28 ± 1.91	30	17.24 ± 2.54
		♀	30	22.52 ± 4.30	30	16.12 ± 1.10
2005	改良羊	♂	30	37.20 ± 5.40	30	32.48 ± 3.71
		♀	30	36.72 ± 4.13	30	28.22 ± 3.60
	当地藏羊	♂	30	26.28 ± 1.91	30	17.24 ± 2.54
		♀	30	22.52 ± 4.30	30	16.12 ± 1.10

在体尺指数上，与当地羊相比较，2000 年测得改良成年公羊的体尺指数分
别提高：体高 0.88cm、体长 1.58cm、胸围 2.57cm，改良成年母羊比当地羊的
体尺分别提高了体高 0.45cm、体长 2.66cm、胸围 5.52cm。改良育成公羊比当
地育成公羊分别提高：体高 0.79cm、体长 1.79cm、胸围 0.88cm；改良育成
母羊比当地育成母羊分别提高：体高 7.13cm、体长 6.46cm、胸围 6.75cm（表
2-42）。2005 年再次测定时，改良成年公羊比当地羊分别提高：体高 5.25cm、
体长 6.57cm、胸围 19.57cm，十字部宽 6.33cm、管围 0.81cm；改良成年母
羊比当地羊分别提高：体高 6.11cm、体长 10.23cm、胸围 25.74cm、十字部宽
7.27cm、管围 1.52cm；改良育成公羊比当地育成公羊分别提高：体高 7.45cm、
体长 9.23cm、胸围 21.66cm、十字部宽 7.63cm、管围 1.52cm；改良育成母羊
比当地育成公羊分别提高：体高 6.01cm、体长 8.06cm、胸围 21.74cm、十字部
宽 7.02cm、管围 1.48cm。

表2-42　2000年和2005年山南琼结县改良羊与当地藏羊的体尺对照

年份	品种	年龄	性别	n（只）	体尺部位（cm）				
					体高	体长	胸围	十字部	管围
2000	改良羊	成年	♂	30	60.88 ± 3.09	68.00 ± 3.19	77.92 ± 3.97	12.37 ± 0.69	7.64 ± 1.83
			♀	30	58.33 ± 0.65	63.33 ± 2.29	75.52 ± 2.99	11.08 ± 0.87	6.83 ± 0.40
		育成	♂	26	53.92 ± 8.69	61.01 ± 3.69	69.38 ± 5.12	11.00 ± 1.08	6.66 ± 0.48
			♀	20	59.25 ± 4.64	64.38 ± 4.64	72.78 ± 3.57	11.50 ± 0.67	6.70 ± 0.38
	当地羊	成年	♂	30	60.00 ± 2.44	66.42 ± 1.91	75.35 ± 3.04	11.50 ± 0.69	7.19 ± 0.28
			♀	30	57.88 ± 2.38	60.67 ± 2.03	70.00 ± 2.45	11.02 ± 0.69	6.62 ± 0.36
		育成	♂	30	53.13 ± 1.89	59.22 ± 2.01	68.5 ± 2.67	10.00 ± 0.67	6.46 ± 0.35
			♀	30	52.12 ± 2.39	57.92 ± 1.90	66.03 ± 2.55	9.97 ± 0.59	6.13 ± 0.29
2005	改良羊	成年	♂	30	65.25 ± 5.16	72.99 ± 6.41	94.92 ± 4.85	17.83 ± 0.77	8 ± 0.53
			♀	30	63.99 ± 3.18	70.9 ± 4.02	95.74 ± 5.65	18.29 ± 0.69	8.14 ± 0.42
		育成	♂	30	60.58 ± 2.99	68.45 ± 4.89	90.16 ± 8.38	17.63 ± 0.99	7.98 ± 0.5
			♀	30	58.13 ± 3.12	65.98 ± 3.96	87.77 ± 5.78	16.99 ± 0.58	7.61 ± 0.5
	当地羊	成年	♂	30	60.00 ± 2.44	66.42 ± 1.91	75.35 ± 3.04	11.50 ± 0.69	7.19 ± 0.28
			♀	30	57.88 ± 2.38	60.67 ± 2.03	70.00 ± 2.45	11.02 ± 0.69	6.62 ± 0.36
		育成	♂	30	53.13 ± 1.89	59.22 ± 2.01	68.5 ± 2.67	10.00 ± 0.67	6.46 ± 0.35
			♀	30	52.12 ± 2.39	57.92 ± 1.90	66.03 ± 2.55	9.97 ± 0.59	6.13 ± 0.29

在剪毛量上，据2000年测得改良羊的平均剪毛量比当地藏羊提高了0.70kg（表2-43）。2005年再次测定时，改良羊的平均剪毛量比当地藏羊提高1.60kg，剪毛量增加明显。

表2-43　2000年和2005年山南琼结县改良羊与当地藏羊的剪毛量对照

年份	品种	n（只）	平均剪毛量（kg）
2000	改良羊	170	1.35
	当地藏羊	215	0.65
2005	改良羊	1 392	2.4
	当地藏羊	1 392	0.8

第三章
彭波半细毛羊种群扩繁

一、同期发情

同期发情就是使发情一致化，使许多母羊在 1d 或 2~3d 同时出现发情，便于组织配种。同期发情配种时间集中，有利于羊群抓膘，能节约劳动力，更有利于发挥人工授精的优点，扩大优秀种公羊的利用效率，使羔羊年龄整齐，便于管理，便于销售。同期发情也是胚胎移植的重要环节，供体和受体发情同期化，有利于移植胚胎的成活。

同期发情采用孕激素类或前列腺素药物调节家畜发情周期，达到发情同期化。现用的同期发情技术有两种：一种是用孕激素类药物抑制一群母畜的卵泡生长发育，经过一段时间后同时停药，引起同期发情。另一种是用前列腺素药物加速黄体消退，导致母畜发情，从而缩短发情周期，促使发情提前到来。同期发情有以下 4 种给药方法。

（1）海绵浸泡药液阴道塞入法。将激素按剂量制成悬浮液，用海绵浸取一定的药液，塞入绵羊阴道深处。一般在 14~16d 后取出，当天肌内注射孕马血清 400~750 单位，2~3d 后被处理的大多数母羊发情，发情当天和次日各输精 1 次。药物种类和用量为：甲羟孕酮 40~60mg，甲地孕酮 80~150mg，氟孕酮

30~60mg，孕酮 150~300mg，18-甲基炔诺酮 30~40mg。

（2）口服法。每日将一定量的药物均匀地拌在饲料中，连服一定天数后停药。此法必须注意药物是否拌的均匀，采食量是否一致，少则不起作用，多则有不良影响，因而必须单喂，故费时费力。

（3）注射法。每日定量注射药物至绵羊皮下或肌肉内，持续一定天数后停药，此法剂量较准确，但操作较麻烦。

（4）埋植法。将药物埋植于家畜皮下，经一定天数后取出。此方法和海绵法相似，药物被缓慢吸收，但该方法操作比较麻烦。

二、人工授精

1. 人工授精的意义

人工授精是以假阴道等人工方法采集种公畜的精液，经检查和稀释处理后，再分别输入到多个母畜的生殖道内使母畜受孕，以代替公母畜自然交配的受精方法。人工授精是最早成功运用的先进繁殖技术，是目前最廉价、效果最好，应用最广泛、最成熟的畜牧技术，是家畜繁殖技术的第一次革命，对家畜遗传改良和繁殖扩群贡献巨大。

应用人工授精技术，单个优良种公畜一生能生产数万至数十万只后代。即使个体家畜死亡，通过冷冻保存它们精液的方式仍然能够不断产生后代。应用加工处理过的精液输精，还有防止疾病传播、克服某些生殖障碍、控制性别和降低配种成本等优点。该技术的推广为羊产业发展带来了巨大的经济效益。

2. 人工授精技术环节

人工授精技术包括采精、精液品质检查、精液处理保存和输精等几个技术环节。

（1）配种前准备。

① 整顿羊群。按公母羊的年龄分群，参加配种的母羊单独组群，分别管理，防止杂交滥配。配种前 1.5 个月内必须加强饲养管理，改善营养，做到吃好、吃饱、饮足水，自由啖盐，达到增膘增重，有利于集中发情，缩短配种时

间，提高受胎率和双羔率。需要注意保持圈舍干燥、卫生和安静。羊群休息时，无论是白天还是夜晚，均应保持安静，不得惊吓、驱赶羊群，不能进行修蹄、治疗、编号等工作。放牧地段的利用，原则上由远而近，尽量将附近草场留给配种羊群。如果单靠放牧满足不了羊只的营养需要，应及时进行补饲。

② 选择种公羊。按照育种方向和生产需要，选择体质结实、体型匀称、生产性能高、生殖器官正常、有明显雄性特征、精液品质良好的种公羊。查看系谱，并鉴定本身和后代都为优良的公羊方可作为种公羊。能用于人工授精的种公羊应是一级以上的羊只。

③ 种公羊的饲养管理。配种前 1.5~2 个月做好种公羊的饲养管理。在配种前期种公羊仍以放牧为主，但每天要补饲配合精料 0.8~1.5kg。配种开始后配合精料可增加到 1.5~2kg，补喂鸡蛋 2~5 个、胡萝卜 1kg。每天采精 3~4 次以上，应另加脱脂乳 1~2L，同时补喂优质干草 2kg 或自由采食。安排适当的运动时间，每天 2~3 次，每次运动时间不低于 2h，以防止饲喂量加大时因缺乏运动影响性欲而不利于采精。如果用试情公羊试情，也应做好试情公羊的饲养管理，每天补饲精料 0.5~1.2kg、优质干草 2kg，每天运动不少于 4h。

④ 母羊发情鉴定。在西藏的绵羊人工授精工作中，对母羊的发情鉴定主要采用试情法，即根据母羊对公羊的性行为反应来判定是否发情。这种方法简易可行，准确性高，同时试情公羊还能起到促进母羊发情和排卵的作用。有时候也用母羊行为反应（表现）来判定发情。在配种期内，每日定时（早晨 1 次或早晚各 1 次）将试情公羊放入母羊群中（公母比例 1∶30），让公羊自由接触母羊，挑出发情母羊，但要防止试情公羊与母羊交配。可采取试情布兜住法、切除或结扎输精管法、阴茎移位法或用睾酮处理羯羊法等几种方法管理试情公羊。

（2）采精。

① 采精前。选择发情的健康母羊，把母羊颈部卡在采精架上保定，外阴部用 2% 来苏儿水（1% 百毒杀消毒液）消毒后用清水洗涤，并擦干。

② 准备假阴道。第一步将消毒后的集精瓶灌满食盐水，插入假阴道的一端，插入深度为 2~3cm，振荡冲洗后将水倒出，使其内胎湿润以代替润滑剂；

第二步灌热水，采用漏斗向安装好的已消毒假阴道夹层内加入 150~180mL 温水（50~55℃）；第三步，压入适量空气，使假阴道内腔松紧适度。空气压入量，一般以假阴道采精口一端的内胎呈三角形为宜。

③ 假阴道内部温度检查。采精前用已消毒温度计检查假阴道内部温度，温度要求保持在 39~40℃。

④ 采精。先用湿毛巾把种公羊阴茎包皮周围擦净，采精者用右手拿假阴道，使其与地面呈 35°~40°。当种公羊爬跨母羊，伸出阴茎时采精者迅速用左手轻托公羊的阴茎包皮，将公羊阴茎导入假阴道内（如图 3-1）。注意不要用假阴道边缘或手触摸阴茎，以免造成种公羊提前射精。种公羊完成射精后，将集精瓶一端向下竖起把采集到的精液送往处理室，放出瓶中空气，谨慎地将集精瓶取下，盖上盖后放在标有种公羊编号的操作台上。

图 3-1　从彭波半细毛羊种公羊采精（德庆卓嘎　供图）

种公羊每天可采精 2~3 次，特殊情况下可采 4~5 次，第一、第二次采精间隔时间 15min，二次采精后休息 2h 方可进行第三次采精。

（3）精液品质检查。

① 精液品质检查。包括肉眼检查、显微镜检查两部分。检查项目一般有颜色、射精量、精子密度、活力和畸形精子率等。精液采得后即刻观察颜色。一般正常精液为乳白色到浅黄色，其他颜色均为异常。如果精液呈浅红色，表明有血液混入，可能是采精时误伤种公羊阴茎所致；如果精液发黄或发绿，可能混入尿液或脓汁；如果精液带灰色或棕褐色，则表示种公羊生殖道可能被污染或混入某些感染物。

② 射精量。用有刻度的集精杯或输精器测定。公羊一次射精量一般为0.5~1.5mL。测定公羊射精量时应以一定时期内多次射精量的平均值为准。射精量变动异常时应检查采精技术，调整采精频率。

③ 精子密度。指在一定单位体积（1mL）内含有的精子数目。优良精液的精子密度应介于35亿~55亿/mL。测定精子密度能为精液的合理稀释比例提供依据。一般用估测法、计数法和比色法3种测定方法。

④ 精子活力。在显微镜下观察正常种公羊的精液，看不清楚精子单个运动，只看到无数精子形成的旋涡运动。看不到旋涡运动的精液，表明精子密度和活力偏低，不能用来输精。生产中常采用直线运动的精子比例大小评定精子活力。采精后立即检查，室温保持在18~25℃。取1滴精液滴在载玻片上，与1滴生理盐水混合，置于镜台上。载玻片表面温度以37℃为宜，在400~600倍显微镜下检查评定精子活率等级。评定时多看几个视野，并上下旋动细螺旋，观察上下液层精子的运动情况，综合几次评定结果，取平均值。评定等级有5级，如表3-1所示。只有等级为5分和4分的精液可以使用。使用3分的精液有可能影响母羊的受胎率、繁殖率。

表3-1　精子活率评定等级

分值	方法特征
5分	精子分布密，旋涡式精子回流速度和方向改变快，看不清单个精子的形态，90%以上精子非常活跃，呈直线前进运动
4分	精子呈旋涡运动，回流速度不如5分，70%精子呈比较活跃直线前进运动

（续表）

分值	方法特征
3分	45%~65% 的精子活跃，作微弱直线前进运动
2分	20%~40% 的精子活泼，无旋涡运动
1分	有部分精子活跃，作微弱直线前进运动
0分	无活精子

　　检查评定稀释精液时，稀释比例大，可能不出现精子旋涡。这时精子活率评定可根据精子运动速度和有直线前进运动的比例来判定。输精后，对输精期内的精液再作检查，并比较输精后精子活率有无变化。同样，精液稀释前后也要进行对比检查。通常在检查精子活力的同时检查精子密度。精子密度分为密、中、稀3级：密—精子遍布全视野，相互间的空隙小于一个精子长度；中—精子间的空隙相当于1~2精子的长度；稀—精子间的空隙超过2个精子长度。用于输精的精液，精子密度至少达到中级。

　　（4）精液的稀释。自然交配时，种公羊一次排入母羊阴道内的精液有0.5~1.5mL，内含几十亿个精子，但能进入子宫颈的精子仅有10亿~14亿个。人工授精时一次输精量只有0.05~0.1mL，精子数也超过1亿个。两相而言，人工授精具有明显的节约精液量的优点。但在生产中常会遇到发情母羊数量多，而指定种公羊精液量不够用的问题。为此，常常采用减少输精量的办法使输精量少于0.05mL。这种操作很难掌握微量输精，同时进入子宫的精子数偏低，影响受胎率。这就需要稀释精液，以扩大精液数量，同时利用稀释液内含有的成分，增加精子所需的能量，保护精子免受冷打击。

　　（5）输精器材用具的准备。

　　①供采精、授精以及与精液接触的一切器材都要求做到清洁、干燥，存放于清洁柜内或箱内。

　　②假阴道、集精瓶内的洗涤和灭菌。将集精瓶放入2%碳酸氢钠溶液中（过去多用洗涤剂或1%百毒杀消毒液）清洗，之后用清水冲洗3~5遍，再用蒸馏水冲洗1遍，放入纱布罐内或用纱布包裹以备消毒。内胎放入洗涤水中清洗，

再用清水反复冲洗几遍，吊在精液处理室内，用干净纱布蒙上备用。

③ 消毒。操作者将指甲剪短，手洗干净，用75%酒精棉球消毒，安装假阴道。用消毒过的长两柄镊子夹95%酒精棉球进行内胎消毒。消毒应自内胎一端开始细致地一圈一圈擦拭至另一端。外壳用酒精棉球消毒1遍，放在已消毒的瓷盆内，待酒精挥发后使用。集精瓶用蒸汽灭菌，之后放在消毒瓷盆内，并用灭菌纱布盖好，备用。

（6）授精。

① 将授精母羊后躯或头部固定，外阴部用消毒液消毒，后用温水擦净药液以备输精（图3-2）。

② 每只母羊的原精液授精量为0.05~0.1mL，将稀释后的精液0.1~0.2mL注入母羊子宫颈内。要求授入有效精子数量不少于7 000万个。

③ 抽取精液前，先用输精腔抽取少许空气，然后再抽取精液。输精前做镜检片子，在显微镜下检查精液品质和活力，合格者才可输精。

图3-2　为彭波半细毛羊母羊输精
（德庆卓嘎　供图）

④ 输精时将已消毒的开腔器按侧位轻轻插入阴道，旋转90℃的同时慢慢打开，先检查阴道内有无疾病症状（出血、脓汁等），轻度旋转或摆动开腔器，寻找子宫颈口。找到后将开腔器固定在适当位置，再将输精枪插入子宫颈内0.5~1.5cm处，用大拇指轻轻压活塞注入定量精液。

⑤ 授精方式上，可采用一次试情两次授精。即早晨试情1次，发情当时授精，第二天早晨再授精1次，第三天早晨再试情，继续发情的母羊可重新授精。也可采用一次试情1次授精制度或1次试情早晚授精的方式。

三、胚胎移植

1.胚胎移植的意义

图3-3　2007年胚胎移植现场观摩会图
（德庆卓嘎　供图）

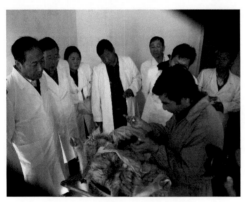

图3-4　内蒙古专家现场指导
（德庆卓嘎　供图）

西藏于2007—2009年开展绵羊胚胎移植引进试验（图3-3和图3-4为项目现场观摩会的情况），首次在高原环境条件下构建绵羊胚胎工程技术体系，填补了西藏在绵羊胚胎移植方面的空白。在西藏建立了集系列关键技术为一体的羊胚胎工程技术体系，包括供受体羊的选择标准、同期发情和超数排卵技术、胚胎的生产、胚胎的质量鉴定技术、胚胎的保存技术、胚胎的移植技术、早期妊娠诊断技术。

胚胎移植技术引进，一是发挥胚胎移植在加快良种繁育、品种选育和新品种培育中的作用，为加快西藏绵羊品种选育进程奠定了基础。二是该技术的引进推动了西藏绵羊繁殖技术的发展，加快了绵羊胚胎科学技术的产业化进程；三是克服了绵羊良种引进高原后的不适应症。四是降低了良种引进成本。五是项目承担单位的科技人员的胚胎移植技术得到显著提高。

2.胚胎移植的方法

（1）超数排卵。母羊的每次排卵数比较恒定，在一个发情期中排出的卵子仅1~4个，母羊一生一般产羔6~8只。为了得到较大的经济效益，超数排卵能提高优良绵羊个体的繁殖力，较快地扩大母畜的数量，使其优良品质保留下来。用促性腺激素处理未成年或成年母羊，使其每次排卵数增加，在一个发情期中排出更多的卵子。用促卵泡激素（FSH）促使卵泡发育成熟，促黄体素（LH）引起排卵，称为超数排卵。超数排卵也是胚胎移植的一个环节。

但是，超数排卵并不是排卵越多越好，如排卵过多，卵子受精力会下降。成年绵羊对超数排卵的反应，受品种、体重、所处发情周期阶段、年龄、产后时间间隔、季节和营养水平的影响。促性腺激素用量的大小和超数排卵的多少有直接关系，而适宜剂量是由多种因素影响而决定的。

（2）胚胎移植。从一只母畜（供体）的输卵管或子宫内取出早期胚胎移植到另一头母畜（受体）的相应部位，即"借腹怀胎"以产生供体的后代，这是畜牧生产上的一项新技术。胚胎移植再结合超数排卵，使优秀种畜的遗传品质能由更多的个体保存下来，这对养羊业遗传育种意义重大。

这项技术在西藏已应用到牛羊养殖生产中，特别是在西藏黄牛改良上取得了一定的成效，今后还应扩大使用。

3. 关键技术

（1）受体羊的选择标准。

① 无繁殖障碍，体格发育正常。

② 健康，无传染病（结核、布鲁氏杆菌病检疫阴性，在 1 个月前注射过口蹄疫疫苗），已驱虫。患有普通疾病的母羊，经治愈后恢复一段时间，达到完全健康状况时亦可作为受体羊。

③ 膘情应达到中等以上水平，过肥过瘦者均不能选做受体羊。

④ 年龄 2~5 岁，体重 40kg 左右，经产，泌乳性能好。

⑤ 具有正常的发情周期，产羔后 90d 断奶。

⑥ 产羔性能良好，无流产史，上胎无难产、助产情况。

⑦ 新购入受体羊，先进行隔离、检疫（具体参照检验检疫制度执行），B超检查保证空怀，加强补饲，使其尽快适应新的环境和饲养管理，膘情达到中等以上后再选用。

（2）供体羊的选择标准。

① 供体羊是品种优良、生产性能好，具有较高的经济价值和育种价值的优良绵羊品种。如图3-5所示的西藏供受体羊群。

② 遗传性能稳定，系谱清楚。

③ 体质健壮，膘情适中，繁殖机能正常，无遗传和传染性疾病，年龄在2~7岁为宜。产后羊需恢复2个月以上。

图3-5　供受体羊——西藏优良地方类群（德庆卓嘎　供图）

（3）超数排卵技术。以母羊发情之日作为发情周期的第0d，在母羊发情周期的第13d或13.5d（周期大于17.5d的羊在第13.5d）开始，每天早（6—7时）、晚（18—19时）各注射1次FSH，连续注射3d，递减注射，在第6次注射FSH时，同时肌内注射PGF2α。确定供体羊发情后开始配种，并注射LH。如果FSH未注射完供体羊已发情，停止注射FSH，立即注射LH。

图3-6和图3-7分别显示了注射排卵激素及超排处理后的卵巢。

图3-6　注射生殖激素（德庆卓嘎　供图）　　图3-7　超排处理后的卵巢（德庆卓嘎　供图）

（4）冲胚技术。采用子宫角冲胚：超排母羊发情后 6~7.5d 的采卵使用此法。如图 3-8 所示，用肠钳夹在子宫角分叉处，注射器吸入预热的冲卵液 50~60mL，冲卵针头从子宫角尖端插入，当确认针头在管腔内且进退通畅时，将回收卵针头从肠钳夹基部的上方迅速扎入，冲卵液经硅胶管收集于烧杯内，最后用两手拇指和食指将子宫角捋 1 遍。另一侧同样方法冲洗。冲胚完毕后，用 25~30℃ 的生理盐水将子宫冲洗干净。供体母羊创口采用三层缝合法。即腹膜、肌肉连续缝合；皮肤结节缝合，针脚间距 1cm。在肌肉与皮肤间喷洒适量青、链霉素，以防创口感染。

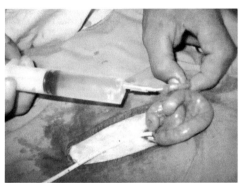

图 3-8　冲胚演示图（德庆卓嘎　供图）

（5）胚胎质量鉴定技术。采用形态学方法鉴定胚胎的质量，如图 3-9 所示。在 20~40 倍体视显微镜下观察胚胎的形态、颜色、分裂球的大小、均匀度、细胞的密度、与透明带的间隙以及变性情况。处于发育期的胚胎，卵裂球轮廓清楚，球体饱满，透明度适中，数目吻合即可定为 A 级；1/3 卵裂球死亡可定为 B 级；1/2 卵裂球死亡可定为 C 级；其余定为 D 级。A、B 级胚胎均可用于鲜胚移植，A 级胚胎还可以进行冷冻保存处理。

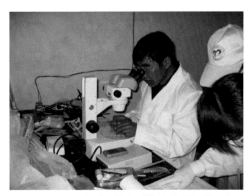

图 3-9　胚胎质量鉴定（德庆卓嘎　供图）

（6）胚胎冷冻、解冻技术。

① 羊胚胎冷冻技术。保护剂的使用：使用 1.5mol/L 的 DMSO 或 1.5mol/L 甘油作为保护剂。胚胎的装管：用 0.25mL 麦管，将无塞端伸入保护液中，吸取一定量的保护液后吸入一段约 10μL 气泡，然后吸入含有胚胎的保护液，再吸取约 10μL 气泡，再吸取保护液，最后加热封管。冷冻法：此方法利用胚胎程序冷冻仪进行冷冻。冷冻时先将胚胎移入 PBS+20%FCS 中，然后在 PBS+20%FCS+10% 甘油（或乙二醇）+0.25mol/L 蔗糖的冷冻液中停留 15min，做好标记，装入麦管置于胚胎冷冻仪中进行冷冻保存。将吸管直接浸入冷冻仪的酒精浴槽内，以 1℃/min 的速度从室温降至 −7℃，停 5min 后进行人工植冰，再停留 10min，然后以 0.3℃/min 的速度降温至 −30℃，直接投入液氮中保存。

② 胚胎解冻方法。胚胎解冻方法根据胚胎冷冻方法而定，一般采取的方法是：胚胎→空气浴 10s → 32℃水浴 10s →擦干细管→晾干→剪去细管塞→推出胚胎→解冻液 5min →保存液→镜检→装管移植。胚胎解冻后 2~3min 内移入受体。

（7）移植技术。采用子宫角移植，将具有黄体且黄体质量良好的一侧子宫角取出，用尖端磨钝的 16 # 针头在子宫壁上扎一个孔，把装有胚胎的移植针从此孔插入子宫腔内，伸至子宫角尖端后将胚胎轻轻推出即可。

移植后立即检查移植器中是否有胚胎遗留。确认没有遗留后，才能进行创口缝合。

四、早期妊娠诊断技术

采用超声波诊断（B 超）进行早期的妊娠诊断，对移植后 25d 以上的受体羊可用 B 超检查。利用探头在母羊腹部子宫部位移动，在荧光屏上便可观察到周围黑色中间有一个长 1~2cm 的灰白色图像，即是胎儿。胎儿 60 日龄时为 6~7cm 长，90 日龄时为 14~17cm 长。目前在西藏绵羊养殖业中尚未广泛开展此技术。

五、配套技术

1. 妊娠受体羊的饲养管理

妊娠受体羊要加强饲养管理，避免应激反应。产前 2 个月至羔羊哺乳期正值牧草枯萎期，要为妊娠受体羊补充适量的精饲料、青干草，以保证胎儿和新生羔羊的正常发育，提高羔羊成活率。从 11 月底开始对胚胎移植羊进行青干草补饲，将青干草铡短至 2cm 左右，放入饲槽，让受体羊自由采食。同时购买玉米、麸皮、青稞、小麦、豌豆等精饲料，配合后从 12 月 20 日开始对胚胎移植羊进行精料补饲，每日每只补喂 0.25kg，每天饲喂 1 次。根据当地的疾病发生情况，有目的地注射羊口蹄疫、四联苗等疫苗，春秋两次进行药物驱虫，以保证受体羊的健康和良好的繁殖性能。

2. 接羔育幼

（1）接羔育幼采取的措施。

① 羔羊的接生与护理工作。分娩预兆观察：乳房胀大、乳头肿胀变粗；临产母羊表现不安、常起卧、徘徊、回头顾腹、频频排尿等分娩预兆。分娩观察及难产助产：绵羊分娩时先露出羊膜囊，羊膜囊破后流出白色浓稠的羊水。保证产后 1 h 左右羔羊能吃上初乳，并让羔羊每天自由活动。

② 难产母羊的护理工作。难产母羊大部分为初产母羊，需要人工助产，主要采取消毒手臂，两三人保定母羊体躯，并把羔羊缓慢向外拉出。难产母羊较难接受羔羊，需人工辅助吸初乳。将母羊保定，羔羊推到母羊乳房前，用手托着羔羊接触母羊乳头、塞进羔羊的嘴里，同时挤下乳汁或者在消过毒的奶瓶中挤出乳汁（应加热喂给）。

③ 初生羔羊的鉴定与日增重测定。产羔后 12h 内检查母羊耳号、羔羊性别及毛色，测定初生重。羔羊每月称重 1 次，并作详细记录。同时加强泌乳母羊的饲养管理，使母羊有足够的乳汁。

（2）接羔育幼实例。2007 年移植受体羊共产羔羊 12 只，其中鲜胚移植产羔 3 只、冻胚移植产羔 8 只。冻胚移植母羊中，1 只产双羔，但因难产死亡。

2008年共移植绵羊48只，产羔19只，产羔率为39.58%，比2007年提高1.36%。超过原定指标4.6%，其中公羔10只、母羔9只，死胎6只；正常产羔13只，随后病死2只、存活11只。羔羊平均初生重为3.54kg/只，比上一年提高0.28kg/只。平均妊娠天数为142.7d。死胎平均体重为4.35kg/只，死胎的主要原因是胎儿体积过大，造成窒息而亡。19只受体产羔母羊中，阿旺绵羊6只，彭波半细毛羊和当地土种羊共13只；6只死胎中个体较大的阿旺绵羊仅产1只死胎，死胎率为16.67%，其余5只为其他羊所生，死胎率达38.46%。说明，移植体格大的无角多赛特肉羊冻胚时，选择体格大的受体羊很关键，没有造成流产，羔羊初生重超过4kg的死亡率较高。图3-10为胚胎移植后代羔羊。

图3-10　胚胎移植后代羔羊（德庆卓嘎　供图）

3.羔羊培育

（1）初生羔羊的护理。

①擦干黏液。

②脐带处理。羔羊脐带通常自行断开，如未断开或断端距体表较远，应在距羔羊腹部4~5cm处断脐带，再用碘酒涂抹或在碘酒杯中浸泡1min。这样可以防止病菌感染，使脐带迅速干燥。

③哺喂初乳。羔羊产下后，一般10~40min便可站立起来，此时应尽早让羔羊吃到初乳。初乳是母羊分娩后第一周内分泌的乳汁，其特点是：色泽微黄，

略有腥味，呈浓稠状，含有抗体、酶、激素以及镁盐等，这些物质可增强初生羔羊抵抗疾病的能力，便于羔羊排除胎粪，增进食欲和消化功能，所以应及早给羔羊哺喂初乳。

④羔羊断乳前的饲养管理。要提高羔羊的成活率，并要培育出体型良好的羔羊，必须掌握三个关键。一是加强泌乳母羊的补饲，使母羊奶水足，能保证羔羊在哺乳期内正常生长发育。二是及时做好羔羊的补饲及放牧羔羊，生后10d左右，选择无风、温暖的晴天，中午把羔羊放在牧场或运动场进行日光浴和运动，以健壮体质增进食欲。生后10~14d开始饲喂饲料，先草后料，草的质量要好，以便刺激羔羊食欲，锻炼羔羊消化系统机能。生后15d后，根据牧地青草生长、牧地远近以及羔羊强弱情况，可以选择好天气出牧，单独组成羔羊群或随母羊在近处放牧，母仔群同牧时走的要慢，羔羊不恋群时应注意丢羔。母仔分群放牧时，母羊到远处放牧，羔羊在近处放牧。放牧的时间随羔羊日龄增大而逐渐增加。母羊在早上和下午出牧前须哺乳好羔羊，晚上和羔羊圈在一起，以保证羔羊定时吃奶，避免放牧时打扰母羊采食。羔羊的放牧地，应预先留出专用，不能放牧在低湿松软的牧场，低湿牧场寄生虫多，松软的牧场羔羊容易吃土引起肠胃紊乱。三是对母羊和羔羊要精心细致的照顾管理。

培育羔羊第一阶段以母乳为主，让羔羊尽早吃上初乳，但一般羔羊15d或20d起即要开始训练吃草吃料。另外，羊舍是母仔过夜的场所，要求保持干燥、清洁、温暖，并且要勤换垫草或垫土，加强疫病防控。

（2）羔羊断乳的方法。羔羊长到4月龄大时必须断乳，一方面为了母羊恢复体况，另一方面为了锻炼羔羊独立生存能力。一般采用逐渐断乳的方法，即仅在每天早晨和晚各哺乳1次，逐渐增加羔羊的饲喂次数，减少哺乳次数，一般经过7~10d就可以完全断乳。少数母羊乳多时要注意人工挤掉一些，以防引起乳房炎。

断乳后的羔羊应按性别、体质强弱和个体大小分别组群，群的大小根据品种和地区而有不同。断乳后尽量为羔羊提供原来熟悉的圈舍环境，把母羊移出，羔羊仍留在原圈舍内饲养。断乳后要做好羔羊第一个越冬期工作。生后的第一个冬天，正是羔羊适应力弱、正在快速发育的时期，应给予良好的饲养管理。要为羔羊设置防御寒风、大雪的棚圈，以减少热量的额外消耗，同时备足草料和良好的牧地，在天气变化剧烈时适当补饲，以保证体质健壮，安全越冬。

（3）羔羊的管理。注意防止羔羊受冻、挨饿、挤压和产生疾病。在西藏，由于气候寒冷、育羔房内应设有保温设施。刚分娩一周内的带羔母羊不应出牧太远，以保证羔羊每天定时吮乳，晚上母仔羊圈在一起。冬季气候寒冷时要防止羊拥挤成团，将羔羊挤压踩死，应设立母子栏。要预防羔羊发病，特别是防止羔羊痢疾传染。勤换垫草，保持羊圈干燥。在羔羊吃过初乳后 24h 内灌服土霉素溶液或注射羔羊痢疾血清疫苗。

六、彭波半细毛羊扩繁技术应用实例

结合上述同期发情、人工授精等繁殖技术，西藏农牧科学院畜牧兽医研究所于 2015 年到 2017 年在拉萨市达孜县曲尼帕彭波半细毛羊母羊繁育基地，开展了彭波半细毛羊两年三胎技术研究（格桑加措等，2018）。

彭波半细毛羊的两年三胎技术指的是对羔羊进行早期断奶补饲，以保证母羊得到足够的营养供给。在此前提下，在母羊进入发情期之前采用激素控制使其同期发情，在两年内孕育三胎，保证产羔率达到九成以上。

1. 技术方法

（1）试验用羊。从曲尼帕半细毛羊实验基地母羊群内，经鉴定挑选有过生育史的彭波半细毛羊母羊，要求选取的母羊体重在 28kg 以上，生殖器官正常发育且健康，有较好的带羔性和较强的泌乳能力，并佩戴耳标。

（2）试验方法。

① 配种过程。2015 年 10 月中旬母羊进入正常发情期，接受第一次配种，繁殖方式是在羊只自然发情的前提下进行人工授精。翌年 3 月初至 4 月母羊产仔结束。2016 年 6 月中旬，将人工授精、药物同期发情、药物促排卵技术相结合，在发情期开展第二次配种，2017 年 1 月中旬母羊产仔结束。2017 年 6 月下旬，组群 70 只经产母羊，通过人工授精、药物同期发情、药物促排卵技术，在

发情期进行第三次配种。

② 饲养管理。种公羊的饲养管理：参照本章 2. 人工授精技术环节—（1）配种前准备—③ 种公羊的饲养管理方法。母羊的饲养管理：繁育母羊主要是采用全年放牧，辅助补饲。在母羊空怀期、妊娠前期及哺乳后期正常放牧，放牧时间约为每天 9~12h，并给予适当的补饲，每只每天补充混合精料 0.2kg、干草 600g，精料在放牧前饲喂，放牧归来后给予干草，自由饮水。母羊妊娠后期进行营养强化，孕期达到 3 个月后放牧每天 8~10h，同时每只每天补饲精料 500g，需注意防止冰冻或发霉的饲料、饮用凉水、机械损伤等导致母羊流产。产仔前 7d 由放牧转变为舍饲，每只每天饲喂 450g 精料和 2kg 优质青干草，充足饮水，若母羊产双羔则需要加强补料。哺乳期母羊，每天放牧 8~10h，同时每只每天补饲 300g 精料和 1.5kg 优质青干草，充足饮水，以保证母羊有充足的奶水。

2. 技术效果分析

2016 年第一次配种后 70 只母羊中有 65 只产羔，产羔率为 93%，羔羊于同年 6 月断奶，断奶成活率为 97.0%。2017 年 1 月第二次配种，50 只母羊全部产羔，其中有 5 只母羊产下双羔，产羔率为 110%，羔羊于同年 6 月中旬断奶，断奶成活率为 96.0%。2017 年 12 月第三次配种，70 只母羊产羔 63 只，产羔率 90.0%，流产率为 8.7%。两年三胎技术中母羊繁殖性能见表 3-2，所产羔羊的初生重和断奶重见表 3-3。

表 3-2 母羊繁殖性能测定

组别	一产	二产	三产（12 月初产羔）
参配母羊数	50	50	70
受胎母羊数	35	45	69
流产数	1	1	6
产羔数	34	50	64
成活数	34	48	63
产羔率	97	107	91
繁殖成活率	68	96	90

表 3-3　羔羊体重测定结果

组别	性别	初生重（kg）	断奶重（kg）
一产	♂	3.34 ± 0.73	9.30 ± 0.83
	♀	3.38 ± 0.65	7.6 ± 0.75
二产	♂	3.70 ± 0.70	16.6 ± 0.90
	♀	3.50 ± 0.60	16.8 ± 0.73
三产	♂	3.75 ± 0.68	15.7 ± 0.74
	♀	3.70 ± 0.66	15.4 ± 0.82

　　本试验方案中，彭波半细毛羊两年三胎技术的年均产羔率达 90%，母羊产羔率提高了 40 个百分点。羔羊早期断奶和母羊同期发情相结合，突破了经产母羊反季节发情难的问题，达到了彭波半细毛羊两年三产的繁育目标。若将此技术结合多胎繁殖，广泛推广应用于集约化养殖场，能极大地提高彭波半细毛羊的产出率，进而增加农牧民的经济收益。

第四章
彭波半细毛羊的羊毛分类鉴定与加工利用

一、羊毛分类与质量鉴定

羊毛是养羊业的主要产品之一，也是纺织业的重要原料。羊毛具有良好的纺纱性和碾制性，导热性低、电绝缘性好，有良好的隔音性；同时还具有轻便、结实、吸湿性、透气性和透紫外线性能好以及染色性能好的特点。羊毛的产量和质量关系到养羊业和纺织工业的发展。

1. 羊毛的纤维类型及分类

（1）羊毛的纤维类型。一般用肉眼或借助显微镜观察，可以把羊毛纤维分为4个主要类型：刺毛、无髓毛、有髓毛和两型毛。

① 刺毛。分布在绵羊脸面和四肢下端，有时羊尾端也有。

② 无髓毛。又称细毛或绒毛。粗毛羊的绒毛分布在毛被的底层，细毛羊的毛被完全由细毛组成。

③ 有髓毛。又称粗毛或发毛，可分为正常有髓毛、干毛和死毛三种。干毛和死毛都是正常有髓毛的变态。

④ 两型毛。又称中间型毛，其细度、长度以及其他工艺价值介于无髓毛与有髓毛之间。一般直径为 30~50μm，毛纤维较长。

（2）羊毛的物理特性。

① 细度。羊毛的细度是指羊毛横切面直径的大小。由于羊毛的横切面并非正圆形，甚至在同一根羊毛纤维上，不同部位直径也不相同，所以一般羊毛的细度是指平均细度，常用品质支数来表示。品质支数在公制中是指1kg净梳毛，能纺多少段1 000m长的毛纱，即为多少支，如1kg净梳毛，能纺60段1 000m长的毛纱，即为60支。

② 长度。羊毛的长度有两种表示方法，即自然长度、伸直长度。自然长度是指羊毛在自然状态下所测的毛丛长度，一般在活体羊上测定。伸直长度是指将单根纤维拉直之后（只可拉到羊毛弯曲完全消失为止，不能延伸）所测得的长度，准确度为0.1cm。一般，评定羊毛的长度结合其细度进行。在羊毛细度相同的情况下，羊毛愈长，纺纱性能愈高，成品品质越好。

③ 弯曲。弯曲是羊毛纤维在自然状态下，沿着它的长度方向，呈有规则的波浪式弯曲。弯曲的多少是指单位长度内弯曲数目的多少，羊毛愈细，单位长度内的弯曲数愈多，羊毛愈粗，单位长度内的弯曲数愈少。按羊毛的弧度和弯曲的形状、弯曲深浅高低不同，羊毛弯曲可分为正常弯曲、弱弯曲、强弯曲、浅弯曲、扁圆弯曲、高弯曲和拆线弯曲（又称环状弯曲）等类型。弯曲正常而整齐者表示羊毛具有正常物理特性。细毛羊或半细毛羊应具有正常弯曲或浅弯曲。鉴定绵羊时，如发现腹部、股部的羊毛具有拆线弯曲，表示该羊体质弱和生产力低。羊毛弯曲在毛纺工业上被认为是宝贵的技术性能。毛细浅弯曲和正常弯曲的羊毛，适于制作精纺织品；毛细高弯曲适于粗梳纺纱，可以织出表面丰满柔软，手感好而有弹性的呢绒；细毛拆线弯曲是羊毛的疵点，很不利于纺织。

④ 强度和伸度。强度是指羊毛纤维被外力拉断所需的力，即羊毛的抗断能力。强度是评定羊毛纤维的首要指标。羊毛的强度不同，其用途也不同，强度不足的羊毛，不宜作精梳毛纺用毛。同时，在一定的纺纱系统中不能用作经纱，而只能用作纬纱。羊毛纤维的强度用绝对强度和相对强度两种方法表示。绝对强度：羊毛纤维在外力连续增加的作用下，直至断裂时所能承受的最大负荷，称为绝对强度。常以克或千克表示。现在国际上统一用厘牛顿（CN）表示。相

对强度或单位强度：由于纤维粗细不同，绝对强度没有可比性，为了便于比较，将绝对强度折成规定粗细时的强度即为相对强度。毛纺上常用的相对强度是指纤维细度为 1 旦尼尔粗细时所能承受的伸力，采用 gf 表示。

伸度是指将已经伸直的长毛纤维，再拉伸到断裂时所增加的长度。这种增加的长度占毛纤维原来伸直长度的百分比，称为羊毛纤维的伸度。也可用以下两个概念来表示。绝对伸度：羊毛纤维受力的作用发生伸长，其长度增加之值，称绝对伸度，用毫米表示。相对伸度：即断裂伸度，为绝对伸长与纤维拉伸之前长度之比。

⑤ 弹性和回弹力。对羊毛施加压力或伸延时使羊毛变形，当外力除去后仍可恢复原来的形状和长度，羊毛的这种特性称为弹性。回弹力是指羊毛恢复原来的形状和长度的速度。具有弹性的羊毛可保持毛织品原来的样式，如衣服的肘部、膝部不易起包，缺乏弹性的羊毛织品容易变形磨损。影响羊毛强度的因素同样也会影响羊毛的弹性。在实践中测定羊毛弹性的方法，可用手握一束羊毛，用力挤压，然后很快放松，如果羊毛能完全恢复原来的体积，说明这种羊毛弹性良好，恢复得越快回弹力也越强。

⑥ 毡合性。羊毛纤维在水湿、温热的条件下，受到外力挤压揉搓时相互缠结毡合，毛纤维间隙变小，并渐趋紧密，不能再恢复分散原状，这一特性称为毡合性。毡合性是羊毛的一种重要纺织性，是其他纤维所不具有的。纺纱和制毡工艺都利用这种特性获得细密绒面。

⑦ 光泽和颜色。光泽是洗净的羊毛对光的折射能力。具有良好光泽的羊毛，在纺织工业上价值较高，因为用这种羊毛制出的成品具有美丽的光泽。根据光泽强弱可分为玻光、丝光、银光和弱光。光泽的强弱与鳞片的形状、数目、排列和在毛干上的覆盖情况有密切关系。

⑧ 吸湿性和回潮率。羊毛在自然状态下具有吸收和保持空气中水分的特性，称之为吸湿性。羊毛所含水分占毛样绝对干燥重量的百分比，称为羊毛的回潮率。储存羊毛时应防止湿度过大，否则易引起发霉变质而使羊毛纤维的强度、伸度及光泽受到损伤。

（3）羊毛的化学特性。

①化学成分。羊毛主要含有 5 种元素：C（49.0%~52.0%）、H（6.0%~8.8%）、O（17.8%~23.7%）、N（14.4%~21.3%）和 S（2.2%~5.4%）。含硫是羊毛纤维所特有的，也是羊毛特性的化学物质基础。含硫的氨基酸主要是胱氨酸和甲硫氨酸，其中胱氨酸占羊毛总含硫量的 95%~99%。

② 化学结构。羊毛是一种复杂的蛋白质化合物，主要是角朊。组成羊毛角蛋白质的氨基酸有 20 种以上，尤其以胱氨酸、谷氨酸、亮氨酸和精氨酸的含量为最多。角蛋白质是由各种不同的 α–氨基链缩合而成，并以胱氨酸键和盐键横向交联，形成稳定的结构。若胱氨酸中的二硫键被氧化剂、还原剂以及阳光和碱侵蚀，则会引起羊毛纤维化学结构的改变和破坏。

③ 羊毛纤维的主要化学性质。羊毛的角朊是不易溶解的蛋白质。由于同时存在羧基（–COOH）、氨基（–NH$_2$）和亚氨基（=NH），既有酸性又有碱性，所以呈两性反应，但稍偏碱性。

（a）羊毛对碱的反应。羊毛对碱敏感，容易被碱溶解，主要是由于胱氨酸中的二硫键和盐键被破坏，这是羊毛的重要化学特性。用 5% 的苛性钠（NaOH）溶液，将羊毛煮沸 2~3min，羊毛即可完全溶解，成为黄色的混浊液体。碱的性质、温度、浓度和作用时间长短不同，羊毛受破坏的程度也不同。pH 值 >11 的强碱液对羊毛有明显的破坏作用，可使羊毛发黄变脆，手感粗糙易断裂，但弱碱盐类对羊毛的破坏作用比较轻微。所以，一般在洗毛时用比较弱的盐碱类如碳酸钠肥皂等。

（b）羊毛对酸的反应。羊毛耐酸不耐碱，抗酸能力较强，在浓度达 80% 的硫酸溶液中短时间处理（在不加热的条件下），羊毛的强度几乎不受损伤。酸和羊毛的这种化学结合能力，是因为毛纤维结构中含有碱基。但是高浓度强酸在高温下对羊毛有破坏作用，如果在 30% 浓硫酸溶液中进行加热处理，羊毛则会全部溶解。酸对羊毛的作用主要是破坏了盐式键。羊毛的这种抗弱酸特性与植物纤维正好相反，在毛纺工业上对羊毛进行"炭化除杂"和"酸性染色"。将羊毛用 1.5%~4% 稀硫酸处理，毛中的一般植物纤维全部分解，而羊毛纤维不受损失，从而清除羊毛原料中所含的植物杂质。利用酸性染料（如醋酸、蚁酸等）染毛时，不但对羊毛无损害，反而使染色牢固，成本降低。

（c）羊毛对阳光的反应。绵羊背部、尻部的毛由于经常受到日晒而使毛梢发黄、质地脆弱，同时手感粗糙。这是由于油脂的挥发，同时羊毛中所含硫在阳光作用下氧化成硫酸，使羊毛变得脆弱。因此应避免绵羊在烈日下放牧或适当的遮阴，对保护被毛有良好的作用。羊毛和羊毛织品也要避免在强烈阳光下长时间暴晒。

（d）羊毛对热的反应。羊毛耐低温而不耐高温。羊毛在30~70℃的温度下，回潮率减少，纤维逐渐粗糙。在热水中能慢慢溶解，在100℃热水中溶解加快，并分离出氨和硫化氢，加热到200℃时可以全部溶解，349℃羊毛着火、燃烧。低温对羊毛无损害作用，利用此特性，工业上采用"冷冻洗毛法"，羊毛在−40~−51℃低温处理仍然能保持柔韧，但所含的植物质和油脂受冰冻后变脆变硬，利用机械作用可将其从羊毛中除去。低温染色，不仅着色率高，还能节省时间，染色后的羊毛手感柔软、质量不变。

（4）羊毛的疵点及预防。

① 草芥毛。是指套毛上带有很多植物性杂质，如饲料碎片、草籽、垫草、秸秆以及苍耳、针茅等，统称为草芥毛。形成的原因主要是在绵羊的放牧、补饲和剪毛过程中，使草刺进入毛被。防治方法是：加强草场管理，对生长苍耳籽、针茅等植物的牧地，应当尽量在抽穗结籽前放牧或者进行消除，防止丛生蔓延；在补饲时应设草架、饲槽，避免饲草料混入毛被；剪毛时应固定剪毛房屋或将场地打扫干净。

② 干毛、死毛。干毛、死毛因为着色差，甚至染不上色，手感粗糙，严重影响外观，所以干毛和死毛是精纺织品中所不允许含有的。作为绒线用毛，也直接影响产品的质量和经济价值。防治办法是：剪毛时头腿毛分别装，有干死毛的羊放在最后剪；对于有粗毛、死毛的羊应该严格分开，不同等级毛应分别包装。在育种工作中，羊群一定要按要求严格分类分级，同质毛的羊不能与异质毛的羊混群饲养。

③ 油漆毛。羊场在分群、配种或产羔时，常用油漆及其他颜料在羊体上打记号。这些涂料降低了羊毛的加工工艺价值。预防方法是：应选择保存时间长，易于被皂碱洗去而不影响羊毛强度的中性或弱酸性标记染料；在涂标记时，应选择羊毛价值较差的部位，如后脑部、面部或耳上。

④ 有色毛。在被毛中混有有色羊毛。这种羊毛在选毛时不易拣出，只能在染色时才被发现。混有有色毛的羊毛不能作浅色或白色的鲜艳织品，使成品质量和经济价值降低。防治的方法主要有：在绵羊选种或杂交育种过程中，对含有色素毛或色素斑，特别是在体躯的主要部位的羊只应进行严格淘汰；在羊毛包装时不能将有色毛混装在一起。剪毛时杂色羊应该放在最后剪，并将羊毛单独包装。

⑤ 疥癣毛。指从患疥癣病的羊体上剪下的羊毛，称为疥癣毛。若羊毛中含有大量的皮屑和结痂，洗毛时则难以彻底清除；在梳理时会造成大量落毛，有时使羊毛形成毡结，废毛增多，对成品的染色也有较大的影响。预防方法：在饲养管理过程中，羊群每年定期药浴，防止感染疥癣病。疥癣毛应单独包装。

⑥ 饥饿毛。是指羊毛纤维在某一部分特别细而形成饥饿痕。其原因大多数是因冬春季营养不良、疾病引起机体营养紊乱，或者母羊在哺乳期营养供应不足，引起羊毛变细，形成饥饿痕。预防办法：绵羊饲养过程中，冬春季进行补饲，尽量保证绵羊全年营养水平均衡。

⑦ 圈黄毛。羊毛被粪尿污染，色泽发黄，不易洗掉，油脂损失，强度下降，羊毛的理化性质受到严重破坏，一般只能加工深色的低档产品。圈黄毛是由于饲养管理不良引起的，如羊圈潮湿，垫草经久不换，绵羊消化不良引起腹泻。这种羊毛主要在四肢、腹部、臀部和尾部。预防方法：暖季放牧时羊群可选择地势较高的干燥处卧盘，冷季舍饲时圈舍应保持干燥清洁或勤换垫草，防止粪尿污染；饲料不能腐败发霉，以免引起绵羊拉稀污染羊毛。在新西兰和澳大利亚，常采取断尾或把易污染的臀部皮肤割掉的办法防止圈黄毛。

⑧ 毛辫或毛绳。主要在草原地区，由于缺少包装，牧民将羊毛搓成毛绳或毛辫，便于运输，但到毛纺厂需要大量劳动力把它解开，甚至要剪断才能拆开

毛绳，造成了不必要的浪费。

2. 鉴定方法

（1）羊毛长度。指羊毛纤维的自然长度。即毛丛根尖两端的自然垂直高度，在肩胛骨后缘一掌处测定，一般在每年剪毛前羊毛生长达 12 个月时进行测量。

（2）羊毛细度。指羊毛的横切面直径或羊毛纤维厚度。现场鉴定采用目测法，应对照羊毛细度标样进行判定，以支表示。种羊场、育种群主配公羊及核心群母羊，应采用实验室测定法。以投影显微镜法测定羊毛纤维的平均直径，以微米（μm）表示。羊品质支数对应的羊毛细度范围，见表 4-1。

表 4-1　羊品质支数对应的羊毛细度范围

毛品质支数	细度范围（μm）
60	23.1~25.0
58	25.1~27.0
56	27.1~29.0
50	29.1~30.0
48	30.1~34.0
46	34.1~37.0
44	37.1~40.0
40	40.1~43.0

（3）羊毛密度。表示单位皮肤面积上羊毛的根数。在现场可根据被毛弹性、毛丛结构的手感及皮肤缝隙大小进行判定。用英语字母"M"表示。M：羊毛密度正常。M⁺：羊毛密。M⁻：羊毛稀。

（4）羊毛匀度。表示被毛的均匀度，即肩部、体侧、股部等不同部位羊毛细度的差别。现场可根据被毛的着生情况进行估测。用英语字母"Y"表示。Y：羊毛匀度正常。Y⁺：羊毛匀度特别好。Y⁻：羊毛匀度差。

（5）油汗。油汗通过受油污染羊毛丛的比例来确定，以油汗占毛丛的 1/2、1/3、2/3 来表示。

3. 半细羊毛的技术要求

（1）质量分级标准。羊毛的质量标准分为一级、二级、三级，规定了对羊毛的细度、长度、净毛率、单纤维强力、油汗和品质特征的技术要求（表4-2）。

① 品种特征、细度、油汗与一等相同，长度在10cm及以上的半细毛羊，其品质比差为124%，单独包装。

② 羊毛细度低于46支的同质纯种羊毛，也按此标准分等。周岁（第一次剪毛）半细毛羊的嘴顶部羊毛发干，顶端有圆锥形毛嘴，羊毛的细度、长度、均匀度较差，允许有胎毛。

③ 半细毛按长度分等，须有60%及以上符合本等级规定。

④ 年剪毛两次的地区，半细毛羊的羊毛长度不足4cm的秋毛、伏毛，均按标准级的50%以下计价。

⑤ 半细毛羊的头、腿、尾部羊毛，不分等级，单独包装，按标准级的40%计价。

表4-2 羊毛的分类和分级

等级	细度（支）	长度（cm）	净毛率（%）	单纤维强力（cn/dtex）	油汗（cm）	品质特征
一等	48~58	8.5~11.0	62.85	以2.29为主，范围为1~4	有乳白色、淡黄色的油汗，并占毛束的1/3~2/3	全部为自然白色的同质半细毛，匀度良好，有浅而大的弯曲，弹性良好，有光泽，毛丛顶部为平嘴或带有小毛嘴、小毛辫、呈毛股状，外观呈较粗的毛辫，无干、死毛
二等	48~58	7~9	55	以2.29为主，范围为1~4	有乳白色、淡黄色的油汗，并占毛束的1/3~2/3	全部为自然白色的同质半细毛，匀度较好，有浅而大的弯曲，弹性较好，有光泽，毛丛顶部外观呈较粗的毛辫，无干、死毛
三等	46以下或60以上	7以下	50以下	1以下	有锈黄色的油汗，含量超过2/3或少于1/3	有黑色或褐色、异质、粗毛或细毛，匀度差，有大而深的弯曲，弹性差，无光泽，毛丛顶部外观呈干燥的毛辫，有干、死毛

（2）疵点毛的处理。

① 油漆毛。影响毛制品质量，必须单独包装，按同种同等毛的60%计价。如混入正常毛内，需重新挑选出售。允许在剪毛前将涂有油漆的毛尖剪去。剪去毛尖后的毛，按正常毛对待。

② 黄残毛。凡是黄残毛均按其同种同等毛的65%计价，对严重失掉拉力者，可根据失掉拉力的程度，按质论价。

③ 其他。草刺毛、苍子毛、重剪毛、死毡片毛、熟皮羊毛、灰退毛等，根据具体情况，按质论价。

（3）检验方法。

① 由同种同等的羊毛分别成批打包，按批进行检验。

② 检验数量同半细毛羊的检验规定。

③ 成包的羊毛检验，在毛包中间部位取样。套毛分等的每百包取三个套毛，散毛分等的取5kg。

④ 将所取样品分成一样3份，其中1份按标准分等后计算各份毛占总毛重量的百分率。如有不同结果时另取1份样品进行复验，最后以两次检验结果平均决定该批羊毛的等级。其余1份毛样留存。

⑤ 细度检验，按实物下限标样进行对比，采取GB1523—2013《绵羊毛》标准要求的方法分析。

⑥ 长度检验，测量毛丛的自然长度，即自毛丛的根部至顶部的长度。测量部位为体侧肩胛骨后延一掌处，结合套毛按面积、散毛按重量的方法，但均需符合本等规定。

⑦ 油汗检验，自毛丛根部至污染层顶端的所占面积。

⑧ 杂质检验，使用现行的净毛率的测定办法。

⑨ 验收、包装、标记以及检验等与细羊毛及其改良毛的规定相同。

4. 改良半细毛的技术要求

（1）一等。全部为自然白色，改良形态明显的基本同质毛。毛丛主要由粗绒毛和两型毛组成。在细度、长度、均匀度及弯曲、油汗、外观形态上，较半细羊毛差。允许含有微量干毛、死毛。

（2）二等。具有改良特征的白色异质毛。较细的毛丛由粗绒毛、两型毛、粗毛组成，毛丛顶部呈毛瓣状，含有少量干毛、死毛；较粗的毛丛由粗绒毛、两型毛、粗毛所组成，干毛、死毛较多，毛丛顶部呈长毛瓣。与土种毛相比，毛丛基部绒毛较多，油汗有所增加，在毛丛底部出现不太明显的弯曲。

二、彭波半细毛羊育成新品种的羊毛品质

1. 羊毛净毛率

彭波半细毛羊的套毛如图 4-1 所示。其羊毛品质，从 2005 年原农业部种羊及羊毛羊绒质量监督检验测试中心的检验结果显示（表 4-3、表 4-4 和图 4-2），核心群成年公母羊体侧、肩部、股部的混合毛样的净毛率达到 62.85%，与 2000 年测定的公母羊的净毛率平均值相比提高了 1.56%，达到了半细毛羊要求的净毛率指标（45%~70%）。

图 4-1　彭波半细毛羊的套毛（德庆卓嘎　供图）

表4-3　新品种羊群各部位羊毛的净毛率测定结果统计

类群	年龄	部位	n（只）	$\overline{X}$（%）	S	C·V
核心群	成年	肩	71	64.58	7.85	12.16
		侧	71	61.89	8.74	14.12
		股	71	60.07	10.06	16.76

表4-4　2000年和2005年新品种羊的净毛率测定结果统计

年份	类群	年龄	性别	n（只）	$\overline{X}$（%）	S	C·V
2000	核心群	成年	♂	2	62.26	5.51	7.52
			♀	9	60.32	6.07	8.63
2005	核心群	成年	—	70	62.85	7.88	12.54

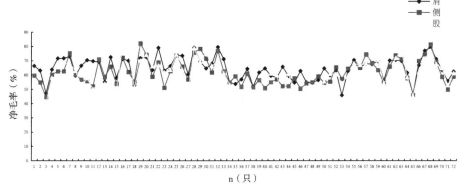

图4-2　新品种羊不同部位净毛率变化曲线

2. 毛色

羊毛以白色最为理想，纺织时容易染成其他各种颜色，且光泽度好。2005年对彭波半细毛羊新品种的毛色鉴定结果表明（表4-5），核心群羊毛纯白率达到92.62%，体白率为7.38%，分别比2000年增加了13.57%和12.67%；核心群羊的体白率为86.47%，比2000年减少了7.57%；大群羊体白率为13.53%，比2000年增加了1.87%；核心群、大群羊的毛色花杂率都为零，比2000年分别下降了 6.19%、14.54%。2006 年核心群羊毛色纯白率达到 92.87%，比 2005 年和 2000 年分别增加了 0.25% 和 14.0%；体白率为 9.94%，比较 2005 年和 2000 年分别下降了 2.65% 和 5.01%。

表 4-5　2000—2006 年新品种羊的毛色统计

年份	类群	毛色					
		S^+		S^0		S^-	
		n（只）	占比（%）	n（只）	占比（%）	n（只）	占比（%）
2000	核心群	153	78.87	29	14.95	12	6.19
	大群羊	538	73.80	85	11.66	106	14.54
2005	核心群成年♂	76	96.20	3	3.8		
	核心群成年♀	227	92.27	18	7.32	1	0.41
	核心群育成♂	62	92.54	5	7.46		
	核心群育成♀	65	91.54	6	8.45		
2006	核心群	113	92.62	9	7.38		
	大群羊	147	86.47	23	13.53		

3. 羊毛细度

据 2005—2006 年原农业部种羊及羊毛羊绒质量监督检验测试中心测定（表 4-6 和图 4-3、图 4-4）：彭波半细毛羊在 2005 年羊毛纤维直径为 24.5~37.0μm，并以 24.5~29.0μm 为主，占 88.16%；2006 年羊毛纤维直径为 25.1~40.4μm，并以 27.1~34.0μm 为主，占 94.22%。两个年份的测定结果表明，彭波半细毛羊新品种的体侧羊毛较细，少数个体甚至可达到 40.0μm（44 支），股部羊毛较粗，但这三个部位羊毛的主体支数为 48~58 支，均呈正态分布，各部位间只相差 1.0μm 左右。因而，彭波半细毛羊全身羊毛匀度较好，符合行业要求的半细毛羊的细度范围。

表4-6 2005—2006年新品种羊不同部位的羊毛细度结果统计

年份	类群	部位	羊毛细度分布（μm）											
			24.5~25.0		25.1~27.0		27.1~29.0		29.1~31.0		31.1~34.0		34.1~37.0	
			n（只）	占比（%）	n（只）	占比（%）	n（只）	占比（%）	n（只）	占比（%）	n（只）	占比（%）	n（只）	占比（%）
2005	核心群	肩部	6	19.35	18	58.06	4	12.90	2	6.46	1	3.23		
		体侧	8	25.81	11	35.48	8	25.81	2	6.46	2	6.46		
		股部	4	12.90	17	54.84	5	16.13	3	9.68	1	3.23	1	3.23
2006	核心群	肩部	1	4.0	4	16.0	9	36.0	11	44.0				
		体侧	2	8.0	5	20.0	6	24.0	9	36.0	3	12.0		
		股部	1	4.0	3	12.0	6	24.0	9	36.0	5	20.0	1	4.00

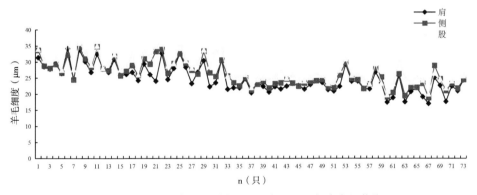

图4-3 2005年新品种羊的不同部位羊毛细度变化曲线

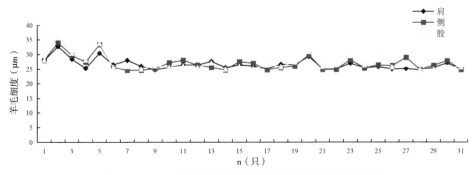

图4-4 2006年新品种羊的不同部位羊毛细度变化曲线

4. 羊毛强伸度

我国半细毛羊的羊毛强度参考值为：48~58 支，10~17g。2000 年在西南民院畜牧兽医系实验室测定的结果表明（表 4-7 和图 4-5），彭波半细毛羊羊毛强度符合这一要求。2006 年在农业农村部种羊及羊毛羊绒质量监督检验测试中心测定的结果表明（表 4-8），彭波半细毛羊的羊毛干态单纤维强力超过了优质羊毛的指标（0.9~1.6cn/dtex），说明彭波半细毛羊的羊毛制品具有经久耐穿的优点。

表 4-7　2000 年新品种羊的羊毛强伸度测定结果统计

类群	性别	肩部		体侧		股部	
		强度（g）	伸度（%）	强度（g）	伸度（%）	强度（g）	伸度（%）
核心群	♂	9.87 ± 2.02	38.7 ± 4.41	10.7 ± 1.73	40.2 ± 4.71	11.5 ± 1.35	39.2 ± 6.24
	♀	13.2 ± 3.80	44.0 ± 2.03	14.6 ± 4.84	46.3 ± 1.91	15.8 ± 4.73	44.2 ± 3.04

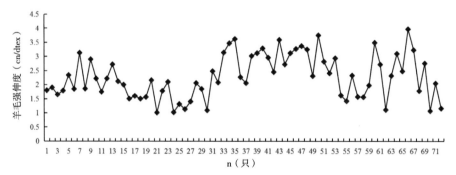

图 4-5　新品种羊的羊毛单纤维强力变化曲线图

表 4-8　2006 年羊毛干态单纤维强力测定结果统计

类群	年龄	部位	n（只）	羊毛强伸度			
				$\sum X$	$\overline{X}$（cn/dtex）	S	C·V
核心群	成年	肩、侧、股	71	164.55	2.29	0.77	33.63

5. 羊毛油汗含量

根据 2000 年的测定结果（表 4-9），彭波半细毛羊新品种的油汗颜色为白色或乳白色，油汗含量为 1/4 的占 0.31%，1/3 的占 15.74%，1/2 的占 63.89%，2/3 的占 20.06%。采取加强饲养管理等综合措施后，羊毛油汗有了一定的增加。2005 年再次测定时，其油汗含量增加到 1/4 的占 2.86%，1/3 的占 21.07%，1/2 的占 41.43%，2/3 的占 34.64%（表 4-10）；2006 年油汗含量增加到 1/4 的占 0.48%，1/3 的占 20.68%，1/2 的占 64.96%，2/3 的占 13.87%（表 4-11）。两年间，油汗含量均以 1/2~2/3 为主。

表 4-9　2000 年新品种羊的羊毛油汗含量结果统计

类群	年龄	性别	羊毛油汗含量							
			1/4		1/3		1/2		2/3	
			n（只）	占比（%）	n（只）	占比（%）	n（只）	占比（%）	n（只）	占比（%）
核心群	成年	♂			2	3.39	42	71.19	15	25.42
		♀			23	36.51	33	52.38	7	11.11
	周岁	♂	1	1.22	10	12.20	50	60.98	21	25.61
		♀			16	13.33	82	68.33	22	18.33
合计（平均）			1		51	16.23	207	63.35	65	20.11

表 4-10　2005 年新品种羊的羊毛油汗含量结果统计

类群	羊毛油汗含量							
	1/4		1/3		1/2		2/3	
	n（只）	占比（%）	n（只）	占比（%）	n（只）	占比（%）	n（只）	占比（%）
核心群	4	2.53	29	18.35	68	43.04	57	36.08
大群	4	3.28	30	24.59	48	39.34	40	32.79
合计（平均）	8	2.86	59	21.34	116	41.27	97	34.50

表 4-11　2006 年新品种羊的羊毛油汗含量结果统计

类群	年龄	性别	羊毛油汗含量							
			1/2		1/3		2/3		1/4	
			n（只）	占比（%）	n（只）	占比（%）	n（只）	占比（%）	n（只）	占比（%）
核心群	成年	♂	79	79	8	8	13	13		
		♀	87	52.41	44	26.51	33	19.88	2	1.20

（续表）

类群	年龄	性别	羊毛油汗含量							
			1/2		1/3		2/3		1/4	
			n（只）	占比（%）	n（只）	占比（%）	n（只）	占比（%）	n（只）	占比（%）
核心群	育成	♂	51	75	13	19.12	4	5.88		
		♀	50	64.94	20	25.97	7	9.09		
合计（平均）			267	67.84	85	19.90	57	11.96	2	

彭波半细毛羊的羊毛含脂率偏低，这与西藏干燥的气候条件有关。据原农业部种羊及羊毛羊绒质量监督检验测试中心测定，2006年新品种核心群成年羊肩部、体侧、股部的羊毛含脂率分别为6.67%、5.94%、6.68%，比2000年分别提高了1.02%、0.24%、1.01%（表4-12）。

表4-12　2000—2006年新品种羊的羊毛含脂率结果统计

年份	品种	年龄	性别	n（只）	羊毛含脂率（%）		
					肩部	体侧	股部
2000	核心群	成年	♂	30	6.17 ± 2.45	6.18 ± 2.37	6.12 ± 2.36
			♀	30	5.12 ± 2.06	5.22 ± 2.05	5.22 ± 2.04
2006	核心群	成年		26	6.67 ± 2.01	5.94 ± 1.99	6.68 ± 2.52

6. 卷曲度

半细毛羊有规则的卷曲度是良好被毛品质的先决条件。《羊毛学》（张尚德和张汉武，1997）指出半细毛羊的羊毛卷曲度，每2.5cm内的卷曲数应为6.5~8.5个。2006年农业农村部种羊及羊毛羊绒质量监督检验测试中心测定得出，彭波半细毛羊成年羊的肩部、体侧、股部的羊毛卷曲度分别为7.00个、7.31个、6.85个/2.5cm（表4-13），各部位卷曲度符合半细毛羊要求。

表 4-13　2006 年新品种羊的羊毛卷曲度测定结果统计

类群	年龄	n（只）	羊毛卷曲度（个 /2.5cm）					
			肩部		体侧		股部	
			$\overline{X} \pm S$	C·V	$\overline{X} \pm S$	C·V	$\overline{X} \pm S$	C·V
核心群	成年	26	7.00 ± 1.50	21.43	7.31 ± 2.04	27.85	6.85 ± 1.65	24.06

7. 羊毛长度

2006 年农业农村部种羊及羊毛羊绒质量监督检验测试中心测定得出，彭波半细毛羊成年羊的肩部、体侧、股部的羊毛单纤维长度分别为 131mm、134mm、126mm（表 4-14），在行业要求的半细毛羊的羊毛长度范围中上水平（70~150mm，平均直径 30~52.5μm）。新品种周岁和成年公母羊的羊毛伸直长度分别为 122.59~136.05mm、138.51~147.07mm（表 4-15）。

表 4-14　2006 年新品种羊的羊毛单纤维长度测定结果统计

类群	年龄	n（只）	羊毛单纤维长度（mm）					
			肩部		体侧		股部	
			$\overline{X} \pm S$	C·V	$\overline{X} \pm S$	C·V	$\overline{X} \pm S$	C·V
核心群	成年	26	131.0 ± 22.26	16.92	134.42 ± 16.42	12.21	125.55 ± 22.14	17.64

表 4-15　2006 年新品种羊的羊毛伸直长度测定结果

类群	年龄	性别	n（只）	$\overline{X}$（mm）	S	C·V
核心群	成年	♂	14	138.51	24.48	17.67
		♀	15	147.07	24.71	16.80
	周岁	♂	14	136.05	16.84	12.37
		♀	7	122.59	20.46	16.69

8. 毛丛长度

羊毛的毛丛长度可采用国际羊毛组织 IWTO-30-98《毛丛长度和强度的测定方法》及美国试验与材料协会 ASTMD1234-85（2001)《含脂羊毛毛丛长度的取样和试验方法》进行测定。我国 2007 年发布 GB/T 6976—2007《羊毛毛丛自然长度试验方法》。据2006年农业农村部种羊及羊毛羊绒质量监督检验测试中心测定，彭波半细毛羊新品种成年羊的肩部、体侧、股部的毛丛长度分别为9.37cm、9.40cm、9.19cm，测定结果在个体之间的变异较大（表4-16）；新品种成年羊的肩部、体侧、股部的毛丛伸直长度分别为12.38cm、12.44cm、11.98cm，测定结果个体间变异较大（表4-17）。

表4-16　2006年新品种羊的毛丛长度测定结果统计

类群	年龄	n（只）	毛丛长度（cm）					
			肩部		体侧		股部	
			$\overline{X}\pm S$	C·V	$\overline{X}\pm S$	C·V	$\overline{X}\pm S$	C·V
核心群	成年	26	9.37 ± 1.37	14.61	9.40 ± 1.58	16.82	9.19 ± 1.62	17.61

表4-17　2006年新品种羊的毛丛伸直长度测定结果统计

品种	年龄	n（只）	毛丛伸直长度（cm）					
			肩部		体侧		股部	
			$\overline{X}\pm S$	C·V	$\overline{X}\pm S$	C·V	$\overline{X}\pm S$	C·V
核心群	成年	26	12.38 ± 1.48	11.94	12.44 ± 1.81	14.57	11.98 ± 1.89	15.81

9. 毛丛伸直率

半细毛羊羊毛伸直率范围为32.5%~65.0%。根据2006年农业农村部种羊及羊毛羊绒质量监督检验测试中心测定结果（表4-18），彭波半细毛羊成年羊肩部、体侧、股部的毛丛伸直率分别为32.80%、32.87%、30.82%，基本符合半细毛羊培育范围。

表4-18　新品种羊的毛丛伸直率测定结果统计

品种	年龄	n（只）	毛丛伸直率（%）					
			肩部		体侧		股部	
			$\overline{X}\pm S$	C·V	$\overline{X}\pm S$	C·V	$\overline{X}\pm S$	C·V
核心群	成年	26	32.80 ± 5.33	16.25	32.87 ± 5.85	17.79	30.82 ± 5.49	17.82

10. 羊毛匀度

从表 4-19 可以看出，彭波半细毛羊周岁羊的羊毛同质率达到 100%，成年羊的羊毛同质率达到 95.24%，异质率下降到 5%。

表 4-19　2000 年新品种羊的羊毛匀度结果统计

类群	年龄	性别	毛质			
			同质		异质	
			n（只）	占比（%）	n（只）	占比（%）
核心群	成年	♂	58	96.67	2	3.33
		♀	60	95.24	3	4.76
	周岁	♂	82	100		
		♀	120	100		

11. 羊毛密度

密度以羊皮上每平方厘米羊毛纤维根数来测定，半细毛羊的羊毛密度为 2 000~4 000 根 /cm²。测定的彭波半细毛羊新品种 10 只核心群羊的羊毛密度为 2 000~2 510 根 /cm²，平均值 2 239 ± 591 根 /cm²，符合半细羊毛的羊毛密度范围。

12. 羊毛化学组成与氨基酸含量

彭波半细毛羊新品种公羊羊毛的化学组成为 50.15%C、8.61%H、21.70%O、16.56%N、2.98%S，母羊羊毛的化学组成为 50.11%C、8.58%H、21.98%O、16.43%N、2.90%S（表 4-20）。林肯羊羊毛的化学组成分别为 52.00%C、6.90%H、18.10%O、20.30%N、2.5%S，与之相比较，彭波半细毛羊羊毛化学元素中，除 C、N 外，其他元素含量均高于林肯羊，而且新品种羊毛的化学元素含量均在《羊毛学》规定的羊毛角朊化学成分标准范围内（标准见表 4-20）。

表 4-20 新品种羊的羊毛化学组成

类群	性别	羊毛化学组成（%）					合计
		C	H	O	N	S	
核心群	♂	50.15	8.61	21.70	16.56	2.98	100
	♀	50.11	8.58	21.98	16.43	2.90	100
林肯羊		52.00	6.90	18.10	20.30	2.50	99.80
标准		49.0~52.0	6.0~8.8	17.8~23.7	14.4~21.3	2.2~5.3	

注：表中的标准范围来自张尚德和张汉武《羊毛学》（1997）。

彭波半细毛羊新品种公母羊羊毛均含有 18 种氨基酸，总氨基酸含量为 80.53%、79.54%（表 4-21）。所有氨基酸中，蛋氨酸占比最低，为 0.53%~ 0.55%；谷氨酸占比最高，为 11.32%~11.55%，其次是精氨酸、丝氨酸和亮氨酸。

表 4-21 新品种羊的羊毛氨基酸含量测定结果

名称	含量（%）		名称	含量（%）	
	♂	♀		♂	♀
天冬氨酸	5.83	5.75	亮氨酸	7.27	7.33
苏氨酸	4.58	4.39	酪氨酸	4.12	4.14
丝氨酸	7.72	7.54	苯丙氨酸	3.11	3.03
谷氨酸	11.55	11.32	赖氨酸	2.55	2.74
甘氨酸	4.33	4.32	色氨酸	0.93	0.92
丙氨酸	3.60	3.63	组氨酸	0.81	0.79
胱氨酸	5.62	5.43	精氨酸	8.25	8.28
缬氨酸	3.47	3.37	脯氨酸	4.17	3.97
蛋氨酸	0.55	0.53	总　量	80.53	79.54
异亮氨酸	2.07	2.06			

三、羊毛加工及利用现状

由于绵羊品种和饲养管理条件不同，羊毛品质差异很大。即使同一种羊，甚至同一种杂质，如生理性的羊毛脂、羊汗，自然环境造成的土砂、植物性草杂、茎叶、种子、细菌寄生虫，羊只自身的排泄物（粪、尿、皮屑等），以及由于管理因素而人为造成的铁毛、毡片毛、弱节毛、尿黄毛、粪块毛、油漆毛等，这些都会影响原毛质量。羊毛初步加工的目的就是消除原毛瑕疵对后道加工的不利影响，将品级混杂、含有杂质及各类影响后道工序的不松散原毛，通过一系列初加工，例如分级、开松除杂、洗净、烘干等处理后，得到品质较为一致、洁白松散的洗净毛。一般，羊毛加工企业会在洗毛工序前增加一道开松除杂工序。其目的，一是将羊毛拉开使其松散，并将杂质黏土与草杂除去；二是可将毡片毛进行开松，使毡片毛经过开毡成为松散的羊毛，提高洗净毛的质量。

1. 羊毛的初加工

通常，工业生产中把羊毛加工过程分为初加工和深加工两个阶段。初加工阶段包括从原毛到洗净毛的各个生产工序，其工艺过程为原毛→选毛→开毛→洗毛→炭化→洗净毛。深加工阶段主要包括制条→毛纺→毛织→染整等工序。

（1）选毛。

① 选毛的目的。由于受绵羊品种和产地的影响，羊毛的品质存在很大差异。即使是在同一只羊身上，由于羊毛生长的部位不同，羊毛的品质也不同。因此，根据工业生产需要，按照工业用毛标准将原毛进行分选（图4-6），既能

图4-6 羊毛分拣（德庆卓嘎 供图）

充分合理地利用羊毛原料，同时还可以通过选毛增加经济效益。

② 羊毛的分级。羊毛分级，又称商业分级，一般是指羊毛的收购标准。收购标准为牧业生产和绵羊育种指出了方向，使商业收购工作有所遵循，对毛纺工业合理利用原料、优毛优用、优毛优价有一定的现实意义。我国的绵羊毛收购标准，也是根据我国养羊业发展的现状、毛纺工业发展的需要以及商业收购工作的要求，从无到有、从粗到细，逐步制定出来的。2013 年发布了国家标准 GB1523—2013《绵羊毛》，与早期发布的国标 GB1523—1993《绵羊毛》、GB1523—1979《细毛羊及其改良羊毛》、GB1524—1979《半细毛羊及其改良羊毛》相比较，该标准具有显著的完整性和进步性。其进步性在于将绵羊毛等级细化为同质毛、基本同质毛和异质毛，并以此作为分等依据。

③ 羊毛的工业分级。工业分级是毛加工企业按照工业用毛的标准，结合工厂实际生产的需要，对进厂的原毛进行分支分级，以达到合理利用原料，保证毛纺产品质量，提高经济效益的生产目的。工业上，根据羊毛的物理指标和外观形态，将羊毛分级为支数毛、级数毛两大类。支数毛属于同质毛，其物理指标有平均细度、细度离散、粗腔毛率、含油和毛丛长度；级数毛属于基本同质毛和异质毛，其物理指标有平均细度、粗腔毛率。此外，对支数毛和级数毛的外观形态也有比较具体的要求，例如 1979 年颁布实施的国毛工业分级标准中对 64 支羊毛有如下要求。物理指标：平均细度为 21.6~23.0μm，细度离散不大于 27%，粗腔毛率不大于 0.20%，油汗毛丛长度不少于 1/2。外观形态指标：由细线毛组成，微有粗绒毛，毛丛结构较紧密，基本呈平顶，油汗、光泽较好，卷曲明显，细度的匀度较好。

（2）洗毛。

① 洗毛的目的。如图 4-7，羊毛洗净是毛纺上非常重要的环节。洗毛由开毛、洗毛、烘毛三部分组成。每道工序的目的如下。

开毛：用机械的力量将大块的羊毛开松，同时去除毛纤维中的沙土杂质，为下一步洗涤创造条件。加强开松除杂作用，不但可以提高洗涤效率和净毛质量，还可以节约洗涤剂。

图 4-7 羊毛洗净（德庆卓嘎 供图）

洗毛：利用物理、化学和机械力相结合的方法，去除羊毛纤维上的脂、汗和黏附的尘土等细小杂质。

烘毛：将洗净后的羊毛烘干，得到洁白、松散且含油率、含杂率和回潮率等符合标准的洗净毛。

②洗毛联合机的组成和工作过程。

（a）组成。开、洗、烘联合机，一般由第一喂毛机、开毛机、第二喂毛机、洗毛槽（4~5槽）、第三喂毛机和烘毛机组成。

（b）工作过程。将分选后的羊毛喂入第一喂毛机，经过毛耙的作用使喂毛帘均匀喂毛，然后再送入开毛机进行开松。这样可使大毛块松解，逐步分离成小毛块和毛束，同时羊毛中分离出来的土杂，经过栅形尘格和尘笼的作用将其排出机外。羊毛进入第二喂毛机后匀称地进入洗毛槽。第一槽为浸润槽，一般不加洗涤剂，而是在一定温度下将羊毛浸湿并冲洗，除去可溶于水或易脱离的羊毛杂物；第二槽、第三槽为洗涤槽，在洗液中加入一定量的洗剂（合成洗剂）和助洗剂，以去除羊毛脂及其他不溶于水的油污等；第四槽、第五槽为漂洗槽，主要用于清水漂洗羊毛。从最后一个洗毛槽经压水轴脱水后的净毛，由第三喂毛机将其送入烘毛机进行烘干，使洗净毛符合回潮要求，以便储存或供应后道工序使用。

③ 开松除杂。

（a）开毛机。我国毛纺织业使用的国产开毛机主要有三种类型。第一种为B041 型双锡林开毛机，该机具有较强的打松作用，但撕扯纤维的作用较差，一般除土杂率在 10% 左右，所以适用于含土杂较少的细羊毛；第二种为间断式开毛机，此机具有较强的去除土杂作用，但易扯断纤维，所以适于处理含土杂较多的各种粗羊毛和土种羊毛；第三种为 B043 型原毛除杂机，该机除杂性能优于 B041 型双锡林开毛机，比较适合含土杂多的国产改良羊毛。

（b）开松除杂的作用。开松除杂是提高洗净毛质量的关键环节。由于分选后的羊毛呈片状，毛纤维相互抱合并含有杂质。如若将这种毛直接送入洗槽，不仅耗用洗剂，而且不易洗净，很难达到洁白、松散的目的。但通过喂毛罗拉握持毛块，再经开毛锡林、四翼打毛辊等机件对毛块进行打击和撕扯，使大毛块松解分离成小毛束和小毛块，同时羊毛中分离出来的土杂经过栅形的尘格和尘笼的作用排出机外，为后道工序打下良好基础。开毛机采用圆形锡林等开松机件，过去称为过轮。

④ 洗毛。

（a）洗毛的基本原理。洗毛主要是洗去羊毛纤维上的脂、汗、沙土、污垢等。在洗涤过程中毛汗易溶于水，沙土、污垢也易从纤维上脱离，因而洗毛的关键是洗涤羊毛脂。洗涤羊毛的基本原理是应用洗涤剂降低水的表面张力，使羊毛容易被浸润，然后洗涤剂分子渗透到羊毛脂垢层的缝隙中削弱羊毛脂污垢层与毛纤维的结合力，将与毛被剥离乳化的毛脂形成稳定的乳化液，把污浊杂质悬浮于洗涤液中，经压辊从毛丛中挤出。

（b）羊毛脂、汗、土杂的性质与洗毛工艺的关系。羊毛脂是一种复杂的有机化合物，主要由多种高级脂肪酸和高级一元醇（各占 45%~55%）构成。羊毛脂的熔点一般为 31~42℃，其中的脂肪酸羧基和一元醇的羟基是亲水性的，但羊毛脂分子中的长链碳氢化合物或复杂的环状结构占优势，所以羊毛脂并不溶于水。羊毛脂中的高级脂肪酸遇碱能起皂化作用，生成肥皂溶于水中。但高级一元醇不发生皂化反应，必须由洗涤剂采用乳化方法才能去掉。所以，如果羊毛脂中脂肪酸含量较高时，尤其是游离脂肪酸组分含量高的羊毛容易洗净。不同地区和不同品种羊的羊毛脂是有差别的，其化学成分和含量随羊毛细度及绵羊的品种、生长地区气候条件和饲养条件的不同而变化。

羊汗是由汗腺分泌出来的液体物质，其含量随绵羊品种、年龄的不同而不同。一般细羊毛含量低，粗羊毛含量较高。由于羊汗中有一定数量的钾盐，呈弱碱性，易溶于水，特别是在温水中更易溶解生成钾肥皂。

一般羊汗多时对洗毛是有利的，而羊脂含量多时洗毛较困难，但也不是绝对的。例如，澳大利亚细羊毛含脂率多在18%~25%，新疆细羊毛含脂率为9%~12%，新疆细羊毛的含脂率明显低于澳大利亚细羊毛，但却不如澳大利亚细羊毛容易洗净。因此，羊毛洗净的难易程度决定于羊毛脂的性质，而不是简单地归因于脂含量的高低。

⑤洗毛用剂及作用。

（a）洗剂的作用。洗剂在水中溶解后，通过分子的表面活性可把羊毛浸润，并使羊毛的污垢层吸附一定数量的合成洗涤剂分子，这些分子渗入羊毛脂污垢层的缝隙中，同时受到洗液温度和机械作用的影响，把羊毛脂污垢层分裂并破坏成许多胶体大小的微粒，与羊毛分离而稳定在洗毛溶液内，从而达到洗净毛的目的。

（b）洗涤剂的种类。洗涤剂的种类很多，但以合成洗涤剂为主。合成洗涤剂属于表面活性剂，能在弱碱性或中性溶液中表现出良好的洗涤效果，不损伤毛纤维。对洗毛用水没有特别要求，在较低温度下能节约能源。

（c）助洗剂。除了加入洗涤剂外，洗毛时还加入一定数量的助洗剂，以提高洗涤效能。过去旧的洗毛工艺普遍使用的助洗剂有纯碱、食盐和硫酸钠等。

（d）洗毛工艺技术条件与洗净毛质量。影响洗毛质量的工艺和技术条件，主要有：

原毛投入量：原毛投入量直接影响洗净毛的产量和质量。投入量的多少决定于羊毛的难洗程度。一般含脂率和含杂率高的羊毛应减少投入量，以保证洗毛质量。

洗液的浓度：根据待洗羊毛中羊毛脂的性质和含脂率的高低，在既保证洗毛质量，又节约洗剂耗用量和讲究经济效益的前提下，合理确定洗槽中洗液的浓度。

洗液的温度：洗液温度对洗净毛纯洁度的影响仅次于开松除杂作用。对洗液温度的基本要求是槽水温度不低于羊毛脂的熔点。遇到难乳化的羊毛脂时应提高洗液温度，但温度过高会使羊毛产生毡并、发黄、手感粗糙等疵点。

洗液 pH 值：洗液 pH 值的大小也会影响洗净毛的质量。如果在碱性溶液中洗毛，当 pH 值 <8 时对羊毛纤维的强力无损伤，当 pH 值在 8~11 时羊毛纤维的强力则随温度的升高而降低。

对水质的要求：如果采用皂碱洗毛时洗毛用水以软水为好。线毛用羊生产条件下，用最经济的方法将毛纤维烘干到适宜的程度（过干，羊毛粗糙且消耗能源过高；过湿，羊毛容易霉变，不利于储存），以便于储运或后道生产工序使用。烘毛的原理实质上就是水分汽化的过程，一是靠加热器加温，二是靠风机供给具有一定流速的循环风量。烘毛机有平帘式和圆网式两种，后者效果较好。

⑥ 洗净毛的质量。洗净毛的质量直接影响生产中后道工序产品的质量，尤其与毛条质量和毛条制成率关系密切。目前洗净毛的质量以洗净后羊毛的含油率、回潮率为保证条件，凡洗净毛符合上述各项条件规定的，均为合格品。而洗净毛的含草率、毡并率、洁白松散程度等为洗净毛的分等条件，即上述指标在规定范围内的为一等品，超过者为特等品。

控制洗净毛质量的关键在于开松和压液。开松不良，对洗净毛的含杂、含水、洗涤效果以及后道工序都不利。要获得良好的开松效果，首先要调节好开毛机的喂毛罗拉。如果喂毛罗拉的压力不足，开毛锡林的开松作用就会降低。喂毛量对开松也有影响。压液机压水效果不良会加大洗涤剂的消耗、杂质不易除去、减低烘干效果、羊毛易毡缩、洗液的 pH 值不稳定等。

2. 去草炭化

羊毛洗净后还残留少量与羊毛纠缠较紧的植物性杂质，如草籽、碎叶、草刺等，因此还必须经过去草处理，以满足产品质量的要求。处理方法主要有机械去草、化学去草两种方法。

（1）机械去草。机械去草是依靠机械作用，在充分开松、梳松羊毛的过程中将草杂从羊毛中分离出来，达到去草的目的。但机械去草不彻底，而且对纤维长度损伤较大。因此，在工业生产中多用于粗梳毛纺，不宜用于精梳毛纺。

（2）化学去草。化学去草又称炭化，原理是利用酸对羊毛和植物性杂质的不同作用，使含有植物性杂质的羊毛经硫酸溶液处理，然后经烘干、烘焙将草杂变为易碎的炭质，再经压碎、除杂等机械作用将易碎的炭质压成粉末，利用风力与羊毛分离，从而达到炭化洗净。毛炭化的工艺过程为：洗净毛（含草杂）→开松→浸酸→脱酸→烘焙→压碎→除杂→中和→烘干→炭化净毛。炭化去草的特点是去草杂比较彻底，但硫酸会影响羊毛纤维的强力、颜色、光泽和手感粗糙程度。

3. 羊毛条的制造

制条工序的目的是把各种品质支数和级数的洗净毛，制成具有一定单位重量、纤维平行伸直、混合均匀，且已去除绝大部分短纤维、草刺、毛粒等杂质，品质一致、结构均匀的精梳毛条。

（1）制条工序的生产系统。

① 英式（也称长毛）制条系统。英式制条系统适于加工较长而又较粗的羊毛。在加工过程中，在混合原料时和精梳之前各加一次和毛油。和毛油对毛纤维有保护作用，增加毛条含油率，通常为 3%~4%，使毛条手感较好，有"油毛条"之称。工艺流程是：洗净毛→和毛加油→开式针梳→复洗针梳→开式针梳→成球→圆型精梳→条筒针梳→末道针梳→英式精梳毛条（油毛条）。由于制成率低、去杂去草不如法式制条系统，所以英式制条系统已逐渐被淘汰。

② 法式（也称短毛）制条系统。法式制条系统适于加工细而短的羊毛，现

在大多企业都采用法式制条系统。此系统适用性广。工艺流程是：洗净毛→和毛加油→梳毛→二至三道交叉针梳→直行精梳→条筒针梳→复洗针梳→末道针梳→法式精梳毛条（干毛条）。

（2）配毛。

① 配毛的目的和作用。选用多种、多批原料配合混用，达到符合品质要求和纤维含量的混料及产品。通过配毛使各组分原料品质得到取长补短，并使同批产品的批量扩大，有利于各批之间的品质保持稳定。通过配毛可合理使用原料，优毛实现优用，次毛得到综合利用，提高低品位原料的使用价值，降低成本，获得最高的经济效益。因此，配毛关系到产品质量的稳定和提高，关系到工厂和后道工序的生产效率和生产成本，关系到原料资源的开发和充分利用，具有重大的技术、经济意义，是毛纺生产技术工作极为重要的一环。

② 配毛规范。配毛工作是一项综合性的技术工作和管理工作。要掌握来自不同地区和不同品种羊所产羊毛的纺织特性。在配毛前，要对备用原料进行完整的品质检验，根据客观数据提出评定意见，作为配毛的可靠依据。要根据后道工序的需要和原料资源的实际情况，制订配毛规范，使毛条品质特性与最终成品的要求紧密衔接，力求以最低的成本获得最佳的经济效益。世界上比较先进的配毛方法是采用计算机软件配毛，如利用 TMOH 公式，根据羊毛客观检验后的主要指标参数预测毛条成品的质量。

③ 配毛的注意事项。

（a）细度。细支毛梳条后的细度要比洗净毛的细度略粗 0.3~0.5μm；半细毛的毛条平均细度要增粗 0.8~1.0μm。配毛时要考虑洗净毛的细度离散系数，不宜太大。

（b）长度。一般，国产支数羊毛的毛丛长度到成品毛条长度之间的变化规律为伸长 6~12mm，这主要与羊的品种有关。级数毛一般情况下伸长比支数毛少些，在 5~10mm，级数越低，伸长越少。洗净毛长度的离散系数同样也要考虑，离散系数越大，成品毛条的离散系数也越大。

（c）洗净率。一般洗净率是评定原毛的实际结算重量并作价的依据。但在实际生产中，洗净率越高羊毛品质越好，否则相反。

（d）含腔率。国毛的含腔率从洗净毛到毛条的变化不明显。配毛时，应控制含腔率在毛条标准的指标范围以内。例如，64 支国毛条含腔率一等品为 0.2% 以内，则配毛含腔率掌握在 0.10%~0.15%，可保证成品毛条的含腔率符合品质标准。

（e）含草。要掌握梳条加工中除草变化的规律。草杂的类型不同，被去除的情况也不同；不同机械的结构、所用针布规格不同，除草能力也不同。

（f）色泽。原料的色泽要以接近为宜，应避免前后色泽差异。

（g）分批次。各批羊毛性能差异较大者一般不宜混用，以免影响产品加工质量。

（3）和毛。

① 和毛的目的和任务。开松洗净毛，使其达到一定的松散度，以利于下道工序进行；将不同成分的原料进行混合；除去羊毛中的部分杂质；在混合原料的同时进行加油。

② 和毛的方式。铺层：有人工铺层和机械铺层两种方法。和毛铺层加油后，为使油水均匀并被原料吸收，一般需要存放 8~16h。直取。将铺层后的混合料垂直取用，以保证混合均匀。

（4）加油。

① 加油的目的。提高毛纤维的柔软性，减少毛纤维在机械力作用下的损伤；降低羊毛表面的摩擦，减少毛纤维在钢针梳理时断裂的可能性；减弱毛纤维的静电，防止在生产过程中纤维与纤维之间的排斥、纤维与机件之间的吸附及排斥。

② 和毛油配方及加油量。和毛油在不同工序、不同原料中应采用不同的配方，并选用不同的油水比。加油量应根据原料的具体情况来确定。法式制条系统的和毛加油量（包括洗净毛本身的含油量）控制在 1.2%~1.5%。羊毛的细度越细，加油量应越大。油水比应根据洗净毛本身的含水率，结合空气中的相对湿度来确定。最后要使洗净毛的梳毛上机回潮控制在 18% 左右（金属针布），

弹性针布应偏高些。

（5）梳毛。

① 梳毛工序的任务与目的。在制条过程中梳毛是关键工序，是在粗梳毛纺生产中起决定性作用的工序。梳毛工序的主要任务是：开松、梳理洗净毛，使之成为单纤维状态，不相互缠结；更充分地混合纤维；去除草刺、土杂；顺直纤维，尽可能使纤维平行排列于毛网内，集束成条。

② 梳毛机的机构与作用。以 B272 梳毛机为例，梳毛机的机构与作用是：自动喂毛机用自动称重机构，将和毛后的毛均匀地喂入梳理机构。第一预梳机构第一胸锡林上装有一对剥毛辊，另装有一把除草刀，起初步开松毛块的作用。第二预梳机构第二胸锡林上装两对工作 / 剥毛辊，另装有一把除草刀，起进一步开松毛块的作用。在第一、二预梳机构中装有一把除草辊，上面装有一把除草刀，起除草的作用。梳理机构主锡林上有六对工作辊 / 剥毛辊，是梳毛机的主要梳理区，作用是将小毛块梳理成单纤维状态。圈卷机构将毛网集束成条装入条筒。

③ 梳毛的工艺条件。

（a）隔距。相互作用的滚筒针齿间的距离称为隔距。其中锡林与工作辊之间的隔距是梳理作用的主要工艺条件。隔距大，梳理作用缓和；隔距小，梳理作用剧烈。

（b）速比。相互作用的滚筒针齿间的相对速度之比称为速比。这与相对速度的方向、大小有关。其中锡林与工作辊之间的速比是梳理作用的主要工艺条件。速比大，梳理作用剧烈；速比小，梳理作用缓和。

（c）针布。梳毛机各工作机件上都包覆针布。针布有弹性针布、金属针布两种。针齿的配备方面，随着原料的前进方向，针齿越来越细，针密越来越密。

（d）其他工艺条件。出条单位重量、出条速度，喂入原料的回潮率、含油率，车间内温湿度等。

（e）梳毛质量。主要控制毛粒和草屑重量及重量不匀率，纤维损伤。

（6）针梳。

① 针梳工序的任务与目的。通过针梳机的牵伸、梳理作用，使毛条中纤维进一步伸直理顺，作定向排列；通过针梳多次并合，提高毛条条干的均匀度；通过针梳多次牵伸，使毛条抽细；制成一定重量的毛条；卷绕成毛球或圈入桶内。

② 针梳机的机构和作用。喂入机构将若干根毛条由毛球上退绕，并喂入牵伸机构；牵伸梳理机构由前后两对罗拉和中间的两排针板控制机构组成。将并合后的毛条由后罗拉喂入，前罗拉以 5~10 倍大于后罗拉的速度达到牵伸的目的，中间由两排针板控制梳理纤维，使纤维顺直平行；出条圈条机构将前罗拉输出的毛条经圈条机构进入筒内。

③ 针梳的工艺条件。罗拉隔距：前后罗拉之间的隔距称总隔距。总隔距要大于最长纤维的长度。前隔距是指前罗拉握持点到最靠近的下针板之间的距离。前隔距对出条的影响很大。牵伸倍数：指前后两对罗拉线速度之比。其他工艺条件：喂入负荷、出条单位重量、出条速度等。针梳质量：主要控制出条单位重量、条干均匀度。

（7）精梳。

① 精梳工序的目的。去除毛粒、草刺；去除短纤维；混合纤维。

② 精梳质量。精梳质量主要控制毛粒、草屑、单位重量、毛网清晰程度。

（8）精梳毛条的品质标准。

国产细羊毛及改良羊毛的毛条品质标准分为支数毛毛条、级数毛毛条两大类。支数毛毛条又分为 70 支、66 支、64 支、60 支。级数毛毛条又分为一级、二级、三级、四级甲、四级乙。国产毛条的公定回潮率、含油脂率见表 4-22。国产毛条品质标准的具体技术条件，见表 4-23。

表 4-22　国产毛条的公定回潮率和含油脂率

项目	干毛条	油毛条	未复洗毛条
公定回潮率（%）	18.25	19	18.25
公定含油脂率（%）	0.634	3.5	0.634

表4-23 国产毛条品质标准的具体技术条件

品种		平均细度(μm)	细度离散(%)不大于	粗腔毛率(%)不大于	加权平均长度(mm)不大于	长度离散(%)不大于	30mm及其以下短毛率(%)不大于	公定重量(g/m)	重量公差(±g/m)	重量不匀率(%)不大于	毛粒(只/g)不超过	毛片(只/m)不超过	草屑(只/g)不超过	麻丝及其他纤维(只/g)不超过
支数毛条	70支 一等	18.1~20.0	24	0.05~0.10	70	37	4.0	20	1.0	1.0	4	0.3	0.4	0.1
	70支 二等			0.10	65		6.0			4.5	6	0.5	0.6	
	66支 一等	20.1~21.5	25	0.20	70	37	4.0	20	1.0	3.0	4	0.3	0.4	0.1
	66支 二等			0.20	65		6.0			4.5	6	0.5	0.6	
	64支 一等	21.5~23.0	27	0.30	72	37	4.0	20	1.0	3.0	4	0.3	0.4	0.1
	64支 二等			0.30	68		6.0			4.5	6	0.5	0.6	
	60支 一等	23.1~25.0	29	0.40	72	37	4.0	20	1.0	3.0	4	0.3	0.4	0.1
	60支 二等			0.40	68		6.0			4.5	6	0.5	0.6	
改良毛条	一级 一等	22.0~24.0		1.0	75		5.0	20	1.5	3.5	4	0.4	0.6	0.1
	一级 二等				70		7.0			4.0	6	0.6	1.0	
	二级 一等	23.0~25.0		2.0	75		5.0	20	1.5	3.5	4	0.4	0.6	0.1
	二级 二等				70		7.0			4.0	6	0.6	1.0	
	三级 一等	23.0~26.0		3.5	75		5.5	20	1.5	4.0	4	0.4	0.8	0.1
	三级 二等				70		7.5			5.5	6	0.6	1.2	
	四级 甲 一等	24.0~28.0		5.0	75		5.5	20	1.5	4.0	4	0.4	0.8	0.1
	四级 甲 二等				70		7.5			5.5	6	0.6	1.0	
	四级 乙 一等	24.0~30.0		7.0	75		5.5	20	1.5	4.0	4	0.4	0.8	0.1
	四级 乙 二等				70		7.5			5.5	6	0.6	1.0	

四、羊毛（皮）及民族饰品

羊毛撕梳和捻线（德庆卓嘎　供图）

羊毛染色（德庆卓嘎　供图）

藏毯编织及成品（金艳梅、德庆卓嘎　供图）

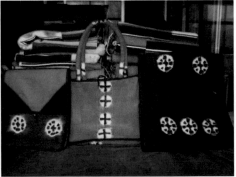

卡垫等羊毛制品（德庆卓嘎　供图）

编织氆氇（德庆卓嘎　供图）

氆氇等羊毛制品（张晓庆　供图）

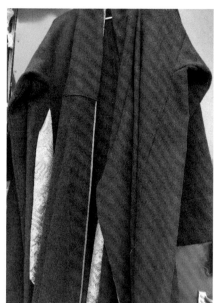

羊毛藏装（张晓庆　供图）

羊皮大衣（张晓庆　供图）

第五章
彭波半细毛羊的产肉性能与养殖新技术

一、彭波半细毛羊的产肉性能

1. 成年羯羊的产肉性能

彭波半细毛羊是毛肉兼用型绵羊，兼具良好的产肉性能，胴体质量高（图5-1）。成年羯羊宰前活重平均为44.43kg，胴体重平均为20.59kg，屠宰率为46.34%，净肉率85.14%；8月龄羔羊宰前活重平均为19.3kg，胴体重平均为9.0kg，屠宰率为46.63%，净肉率68.0%。羊肉品质分析结果证明，彭波半细毛羊的肉品质良好。

央金等（2000）研究表明，彭波半细毛羊从初生到周岁生长发育快，4岁达到最大体重，4岁羯羊胴体重平均为18~36kg，屠宰率平均为50.09%。

图 5-1 彭波半细毛羊胴体（德庆卓嘎 供图）

2000 年和 2005 年分别对彭波半细毛羊成年羯羊的屠宰性能进行了测定（表 5-1 和表 5-2 ）。

表 5-1　2000 年彭波半细毛羊成年羯羊屠宰性能测定结果

项　目	n（只）	$\overline{X}±S$	项　目	n（只）	$\overline{X}±S$	项　目	n（只）	$\overline{X}±S$
宰前活重（kg）	20	41.4 ± 4.02	胃重（kg）	20	1.52 ± 0.28	眼肌面积（cm^2）	19	10 ± 2.08
血重（kg）	20	1.98 ± 0.36	小肠重（kg）	20	0.50 ± 0.10	左半净肉重（kg）	5	8.6 ± 0.81
头重（kg）	20	2.49 ± 0.25	小肠长（m）	20	23.8 ± 2.42	左半骨重（kg）	5	1.6 ± 0.25
蹄重（kg）	20	0.94 ± 0.15	大肠重（kg）	20	0.81 ± 0.36	肩胛肉重（kg）	4	1.8 ± 0.47
皮重（kg）	20	3.77 ± 0.50	大肠长（m）	20	7.54 ± 0.76	肋肉重（kg）	4	1.4 ± 0.28
心重（kg）	20	0.29 ± 0.09	胴体长（cm）	20	74.8 ± 4.67	胸下肉重（kg）	4	0.9 ± 0.31
肝重（kg）	20	0.63 ± 0.04	胴体重（kg）	20	19.1 ± 1.98	腰肉重（kg）	4	1.3 ± 0.38
肺重（kg）	20	0.55 ± 0.09	胴体直长（cm）	20	78.0 ± 4.59	后腿肉重（kg）	4	3.0 ± 0.45
脾重（kg）	20	0.07 ± 0.03	花油重（kg）	20	1.42 ± 0.31			
肾重（kg）	20	0.12 ± 0.01	板油重（kg）	20	0.7 ± 0.30			

表 5-2　2005 年彭波半细毛羊新品种成年羯羊屠宰性能测定结果

项　目	n（只）	$\overline{X}±S$	项　目	n（只）	$\overline{X}±S$	项　目	n（只）	$\overline{X}±S$
宰前活重（kg）	10	41.4 ± 4.02	肾重（kg）	10	0.04 ± 0.07	花油重（kg）	10	0.75 ± 0.60
血重（kg）	10	1.97 ± 0.41	胃重（kg）	10	1.51 ± 0.49	板油重（kg）	10	1.02 ± 0.27
头重（kg）	10	2.65 ± 0.57	小肠重（kg）	10	0.57 ± 0.18	胸下肉重（kg）	10	0.49 ± 0.17

（续表）

项 目	n（只）	X̄±S	项 目	n（只）	X̄±S	项 目	n（只）	X̄±S
蹄重（kg）	10	0.83 ± 0.14	小肠长（m）	10	22.20 ± 2.50	左半净肉重（kg）	5	8.93 ± 0.85
皮重（kg）	10	4.97 ± 0.42	大肠重（kg）	10	0.89 ± 0.31	左半骨重（kg）	5	2.14 ± 0.37
心重（kg）	10	0.24 ± 0.27	大肠长（m）	10	6.76 ± 1.28	肩胛肉重（kg）	5	1.78 ± 0.18
肝重（kg）	10	0.63 ± 0.13	胴体长（cm）	10	71.7 ± 3.85	肋肉重（kg）	5	0.83 ± 0.28
肺重（kg）	10	0.65 ± 0.19	胴体重（kg）	10	22.07 ± 3.1	腰肉重（kg）	5	1.81 ± 1.26
脾重（kg）	10	0.13 ± 0.15	胴体直长（cm）	10	75.6 ± 3.61	后腿肉重（kg）	5	2.00 ± 0.72

2. 育肥羔羊的产肉性能

1981年在澎波农场对910只春羔进行了为期100d的育肥试验。经育肥的羔羊活重达到24.48kg，胴体重10.0kg，屠宰率40.85％，育肥效果明显，经济效益显著，而且羔羊肉以鲜嫩味美而备受消费者的喜爱。

2005年检测了自然放牧条件下8月龄公羔的屠宰性能，宰前活重达到19.3kg，胴体重达到9.00kg，屠宰率46.63％，净肉率达到68％（表5-3）。并将8月龄公羔的屠宰性能与成年羊进行了比对，与陶赛特 × 青海半细毛羊、青海半细毛羊羔羊的屠宰性能进行了比对，结果见表5-4和表5-5。

表5-3 2005年彭波半细毛羊新品种公羔屠宰性能测定结果

项 目	n（只）	X̄±S	项 目	n（只）	X̄±S	项 目	n（只）	X̄±S
宰前活重（kg）	10	19.3 ± 1.51	胃重（kg）	10	0.87 ± 0.12	胴体直长（cm）	10	61.4 ± 2.60
血重（kg）	10	1.13 ± 0.14	胃及内容物重（kg）	10	5.90 ± 1.00	花油重（kg）	10	0.24 ± 0.29
头重（kg）	10	1.82 ± 0.23	小肠及内容物重（kg）	10	0.87 ± 0.29	板油重（kg）	10	0.23 ± 0.17

（续表）

项　目	n（只）	$\overline{X}\pm S$	项　目	n（只）	$\overline{X}\pm S$	项　目	n（只）	$\overline{X}\pm S$
蹄重（kg）	10	0.64 ± 0.20	小肠重（kg）	10	0.49 ± 0.05	胸下肉重（kg）	10	0.19 ± 0.13
皮重（kg）	10	3.02 ± 0.20	小肠长（cm）	10	2 079 ± 60	左半净肉（kg）	5	3.06 ± 0.81
心重（kg）	10	0.10 ± 0.04	大肠及内容物重（kg）	10	0.81 ± 0.20	左半骨重（kg）	5	1.33 ± 0.14
肝重（kg）	10	0.33 ± 0.06	大肠重（kg）	10	0.45 ± 0.24	肩胛肉重（kg）	5	0.88 ± 0.20
肺重（kg）	10	0.28 ± 0.04	大肠长（cm）	10	470 ± 14	肋肉重（kg）	5	0.81 ± 0.19
脾重（kg）	10	0.02 ± 0.01	胴体长（cm）	10	57.6 ± 3.32	腰肉重（kg）	5	0.48 ± 0.16
肾重（kg）	10	0.12 ± 0.01	胴体重（kg）	10	9.00 ± 1.57	后腿肉重（kg）	5	1.31 ± 0.15

表 5-4　新品种羊 8 月龄公羔的屠宰性能与成年羊的比对情况

项目	达成年羊比例（%）	项目	达成年羊比例（%）	项目	达成年羊比例（%）
宰前活重	51.54	胃重	57.62	胴体直长	81.22
血重	57.3	胃及内容物重	49.54	花油重	32
头重	68.68	小肠及内容物重	64.93	板油重	22.55
蹄重	77.11	小肠重	85.96	胸下肉重	38.78
皮重	60.76	小肠长	93.65	左半净肉	34.27
心重	41.67	大肠及内容物重	35.53	左半骨重	62.15
肝重	52.38	大肠重	50.56	肩胛肉重	49.44
肺重	43.08	大肠长	69.5	肋肉重	97.59
脾重	15.38	胴体长	80.33	腰肉重	26.52
肾重	33.33	胴体重	50.85	后腿肉重	65.5

表 5-5 新品种羊羔羊屠宰性能与其他品种羔羊的比对情况

项目	陶赛特 × 青海半细毛羊	彭波半细毛羊	青海半细毛羊
测定只数	3	10	3
开始体重（kg）	24.40 ± 2.13	15.00 ± 1.02	20.75 ± 2.68
屠宰前重（kg）	25.17 ± 2.00	19.3 ± 1.51	21.00 ± 1.87
胴体重（kg）	9.58 ± 0.38	9.00 ± 1.57	7.87 ± 0.58
屠宰率（%）	38.08	46.63	37.46
净肉重（kg）	6.60 ± 0.26	6.12 ± 0.81	5.20 ± 0.44
净肉率（%）	68.87	68.00	66.10
骨重（kg）	2.67 ± 0.26	2.66 ± 0.37	2.57 ± 0.38
肉骨比	2.48	2.3	2.03
皮重（kg）	2.17 ± 0.28	3.02 ± 0.20	1.91 ± 0.06

二、成年羯羊肉的营养品质

2000 年和 2005 年先后两次进行屠宰试验。肉眼观察：彭波半细毛羊的胴体特征是四肢较长、肌肉丰满、呈浅红色、柔嫩多汁；胴体倒挂两腿间形成"U"字形；皮下脂肪较多，均匀地分布在胴体的整个表面，肌肉间脂肪呈大理石状，且质坚色白。胴体测量与分割结果：平均屠宰率达 46.34%（原定指标为 45%），左半胴体分割肉的食用价值从高到低依次为后腿肉、肩胛肉、肋肉、腰肉和胸下肉。

羊肉主要营养成分测定结果：彭波半细毛羊的羊肉水分约占 72.52%、粗蛋白为 20.08%、粗脂肪 6.04%、灰分 1.00%、糖类 0.36%、胆固醇 3.4mg/100g（表 5-6）。总之，彭波半细毛羊的肉蛋白质含量高于后腿牛肉、猪肉，而其脂肪、胆固醇含量低于猪肉和兔肉。与小尾寒羊相比，其蛋白质含量相近，而胆固醇含量明显较低。

表 5-6　2000 年彭波半细毛羊羊肉主要营养成分测定结果

成分	水分（%）	粗蛋白（%）	粗脂肪（%）	粗灰分（%）	糖类（%）	胆固醇（mg/100g）
含量	72.52	20.08	6.04	1.00	0.36	53.4

羊肉重要矿物质元素含量测定结果表明，彭波半细毛羊的肉中钙、铁、铜、锰、锌、硒的含量较高（表5-7）。测定值均高于猪肉，也高于云南半细毛羊，尤其是生命元素硒元素含量较多。

表 5-7　2000 年彭波半细毛羊羊肉主要矿物质元素测定结果

成分	钙（%）	铁（μg/g）	铜（μg/g）	锰（μg/g）	锌（μg/g）	硒（μg/g）
含量	111.23	31.04	2.75	0.44	41.59	0.85

氨基酸含量测定结果：氨基酸总量为 19 170mg/100g，其中必需氨基酸总量为 9 510mg/100g、占 49.61%，非必需氨基酸总量为 9 660mg/100g、占 50.39%（表5-8）；氨基酸总量明显高于云南半细毛羊，其中赖氨酸、蛋氨酸、苯丙氨酸、异亮氨酸、精氨酸等必需氨基酸的含量略高于云南半细毛羊，表明彭波半细毛羊新品种的肉质较好。

表 5-8　彭波半细毛羊与云南半细毛羊的羊肉中氨基酸含量比较

名　称	彭波半细毛羊		云南半细毛羊	
	总量（mg）	占比（%）	总量（mg）	占比（%）
必需氨基酸	**9 510**	**49.61**	**9 290**	**49.0**
苏氨酸	960	5.01	940	4.95
缬氨酸	910	4.75	900	4.73
蛋氨酸	510	2.66	490	2.88
色氨酸	140	0.73	160	0.84
异亮氨酸	920	4.80	910	4.79
亮氨酸	1 690	8.82	1 600	8.42
组氨酸	620	3.18	630	3.32

（续表）

名 称	彭波半细毛羊		云南半细毛羊	
	总量（mg）	占比（%）	总量（mg）	占比（%）
精氨酸	1 300	6.78	1 280	6.73
苯丙氨酸	750	3.91	720	3.79
赖氨酸	1 720	8.97	1 660	8.73
非必需氨基酸	9 660	50.39	9 670	51.0
天冬氨酸	1 830	9.55	1 820	9.75
丝氨酸	750	3.91	720	4.05
谷氨酸	3 120	16.28	3 660	19.25
甘氨酸	1 180	6.15	860	4.52
丙氨酸	1 230	6.42	1 180	6.21
酪氨酸	670	3.18	600	3.16
胱氨酸	280	1.46	170	0.89
脯氨酸	660	3.44	660	3.47
氨基酸总量	19 170	100.00	18 960	100.0

三、彭波半细毛羊提质增效养殖新技术

1. 放牧补饲技术

补饲在国内外已开展研究多年。补饲具体是指在冬春季枯草期由于温度等原因，草地营养结构发生变化，草食家畜摄入营养与需要量发生矛盾，应当在适宜水平上给家畜补充其需要的营养物质，尤其是补饲能量、维生素和矿物质，对保证畜牧业持续稳定发展具有重要作用。放牧家畜对于矿物质需求比较严格，土壤中的组成成分、水源、草地类型和多变的环境因素都会对反刍家畜的矿物质营养造成严重影响。一般日粮以饲喂精料为主时，家畜发生矿物质元素缺乏或者中毒情况的现象很少发生。但是，由于季节因素以及植被因素，放牧绵羊的矿物质元素摄入量会受到很大影响，尤其是在冬春季节，牧草枯黄停止生长，消化率和生物利用率极低，放牧绵羊的矿物质元素摄入量不能满足营养需要，其生长就会受到影响，从而导致经济效益降低。

补饲是最为简单有效的放牧制度优化方式，可改善家畜摄入营养的平衡，提高放牧家畜生产力，改善肉质。国内外大量研究结果一致表明，补饲能显著提高家畜干物质采食量和营养物质摄入量，进而加快增重速度，停止补饲后仍有效应。在内蒙古奥德等早在 1997 年设计了放牧绵羊冬春季节保膘系统整体调控模式：每日归牧后，自由采食低质或中等质量的青干草，同时每日每只羊补饲低水分豆科青贮 500g、营养促进剂（NIS-1）100g，不喂混合精料。在该补饲模式下，绵羊精料用量少且能较少掉膘或不掉膘，每只羊比敖汉羊场常规模式饲养羊增重提高 3.41kg（102d），净毛量增加 111g，增加幅度为 22%。对于青藏高原放牧家畜的饲养管理，最早提到"补饲"的是任继周先生。1956 年任先生指出"牦牛的饲养几乎完全依靠放牧，绝少补饲，有关我国牦牛的饲养管理资料还很缺乏"。早期的补饲只用于病弱畜，张容昶（1980）详细论述了冬春（冷）季、夏秋（暖）季补饲对高山草原放牧牦牛抓膘的益处。之后诸多补饲试验在青海、甘肃等藏区开展，例如孙鹏飞等（2015）研究表明，夏季牦牛补饲显著提高增长速度，孔祥颖等（2015）研究了补饲对牦牛产肉力和肉品质的促进作用，卓玉璞等（2016）冬春季补饲显著减少藏羊掉膘损失或越冬死亡率等。赵忠等（2005）研究了甘南碌曲县拉仁关乡的藏系绵羊冷季体重变化动态和相应的维持生命营养需要的补饲措施，依据高寒牧区生产实际，试验确定了较为现实合理的补饲时限、补饲量和补饲方式。结果表明：补饲最佳时限为 12 月 1 日（日均温 -7.8℃）至 3 月 31 日（日均温 -0.8℃），共计 121d；4 种不同补饲方案中，每天每只补喂草粉 0.25kg、青干草 0.5kg 或混合饲料 0.25kg，均有显著效果，补饲方式以草粉最优，生产中可以大力推广。在西藏，由于海拔高、交通不便等因素的影响，关于放牧家畜饲养管理研究的资料很少。窦耀宗等于 1981 年最早报道了冬春季补饲干草和精料的澎波牦牛的产奶情况。2017 年参木友等、金艳梅等在西藏开展了放牧补饲试验，真正意义上研究了补饲对藏羊增重和改善羊肉品质方面的作用，研究表明林周县彭波半细毛羊夏秋季补饲精料以每天每只 400g，岗巴县岗巴羊冬春季补饲 1 000g 青干草 +250g 精饲料为宜；相关技术已在当地合作社推广应用，推广户每户增收 1 000~2 000 元（每户饲料投入为 216~540 元）。

放牧补饲是解决当前西藏草原畜牧业产值低的简单而可行的途径。特别是在草畜供求矛盾突出的冬春季节，适量补饲可维持家畜的正常代谢需求，减少掉膘损失或越冬死亡率，而且还可以减轻草原载畜压力，利于生态恢复。面对草牧业发展和社会经济发展对高品质绿色畜产品的强烈需求，牧区、农牧交错区家畜冬春季节补饲甚或全舍饲，已是全国草原管理的必然趋势。西藏作为我国草原面积第一大省区，有关草原适应性放牧管理策略的研究，包括补饲与家畜生产关系的研究少见报道。

（1）放牧补饲对彭波半细毛羊生产性能的改善效果。放牧管理制度粗放是造成其草原退化的主要原因之一。在当地牧区，养畜依然依靠传统的自然放牧，全年放牧且少有补饲，即使在寒冷草枯的冬春季也不例外。表面上这种饲养方式成本低廉，但面对日不敷出的草原现状，粗放管理只能导致退化草原加速衰退，生态环境步步恶化，牧场收入逐年削减。在当地传统畜牧业生产系统中，绵羊饲养周期长达 2~3 年，出栏率不足 31%，年人均牧业收入 2 649 元。加强放牧管理是提高西藏牧区畜牧业收入、改善农牧民生活条件的首要任务，也是转变粗放养殖方式的前提条件。本技术方案以彭波半细毛羊成年母羊为研究对象，在其原种地林周县进行放牧补饲试验，解析不同补饲水平对其产肉性能的影响，阐明秋季补饲对藏系绵羊生产的意义，以期为缓解西藏草畜矛盾和促进藏地农牧民增收提供技术指导。

① 技术方法。

（a）试验动物与分组。在林周县卡孜乡白朗村种草养畜合作社，将 30 只 3~4 岁彭波半细毛羊母羊（平均体重 26.98 kg），按照同质原则随机分为 3 个处理组，每组 10 只重复：完全放牧不补饲组（对照组，G1）、补饲 200 g/d 组（G2）、补饲 400 g/d 组（G3）。补饲物为全价精饲料（购自西藏九丰饲料有限公司），饲料组成及营养物质含量见表 5–9。试验期 87 d，预试期 12 d，正试期 75 d。

表 5–9　饲粮组分及营养物质（干物质基础）

饲粮组分	干物质 DM（%）	粗蛋白质 CP（%）	代谢能 ME（MJ/kg）	中性洗涤纤维 NDF（%）	酸性洗涤纤维 ADF（%）
精饲料①	88.25	16.18	10.20	8.68	6.01
天然牧草	90.73	14.57	8.36	67.60	49.58

（b）饲养管理。所有试验母羊每天 9 时出牧，在约 500 亩（1 亩 ≈ 667m²，15 亩 =1 公顷，全书同）天然草场放牧，13 时归牧休息，15 时再出牧，19 时归牧。归牧后分别圈进不同的栏舍内接受补饲（G1 组除外），补饲量分别为 200g/ 只、400g/ 只，补饲时间为每天 19 时 30 分。所有羊只自由饮水，每隔半月出牧前称取空腹体重。饲养试验结束，从每组挑选 6 只体重相近者参与屠宰试验，宰前 24h 禁食，2h 禁水。

（c）测定指标与方法。试验羊屠宰前先称取活体重，即为宰前活重。宰杀后称取头、蹄、皮毛重量。屠宰后 30min 去内脏器官、腹油，只保留肾脏，称取胴体重。屠宰率为胴体重占宰前活重的百分比。背膘厚度用游标卡尺测量。各器官重量按照屠宰试验常规方法用电子秤称取。眼肌面积、羊肉 pH 值、滴水损失、熟肉率和肉色参照屠宰试验常规方法测定。

胴体重：宰后剥去毛皮、去头、去四肢下部以及全部内脏后静置 30min 的胴体重量。净肉重：是指胴体重去掉骨重后的重量。

屠宰率（%）= 胴体重 / 宰前体重 × 100

净肉率（%）= 净肉重 / 宰前体重 × 100

肉骨比 = 净肉重 / 骨重

（d）数据的统计与分析。放牧采食量与补饲量之和，即为总干物质采食量（TDMI）。各处理组每月的体重、增重、平均日增重（ADG）、TDMI 及饲料转化效率均采用 SAS8.2 软件 ANOVA 程序中的 MIXED 模型进行方差分析，模型中包括组别效应、月份效应及二者的交互效应，并将每只羊视为随机变量。肉品

---

① 精饲料由 65% 玉米、10% 豆粕、8% 菜籽粕、6% 菜籽粕、10% 麸皮及 1% 添加剂预混料构成。表 5–9 中 DM、CP、NDF 含量为实测值，ME 为计算值。

理化性质用 one-wayANOVA 程序进行单因素方差分析，当 $P<0.05$ 时为差异显著，并用邓肯氏法做多重比较。

②技术效果分析。

（a）放牧补饲对母羊体重、采食量及饲料转化效率的影响。补饲精料是通过提高放牧家畜营养摄入量达到提高生产性能的目的。Gekara 等（2005）试验结果表明，肉牛每天放牧 12h 的同时补饲精料，干物质采食量从 8.1kg/d 提高到 8.6kg/d（$P=0.04$）。Zhang 等（2014）发现，补饲精料可维持限时间放牧羔羊的正常干物质采食量，并提高了 ADG。补饲玉米显著提高 Pelibuey 羔羊的总干物质采食量，从而提高 CP 和 ME 采食量，使其体增重加快；补饲蛋白质饲料提高幼龄美利奴羔羊的生长率和产毛量，而且停止补饲后仍有此效应。本技术方案中，如表 5-10 各处理组体重差异不显著，但 G3 组的总增重显著高于 G2组、G1 组（对照组），其平均日增重（ADG）为 117.53g/d，显著高于 G2、G1组（98.49g/d、90.54g/d）；TDMI 在组间无显著差异，但 G3 组的 FCR 最高，而G2 组与对照组无显著差异。放牧季节显著影响体增重，8 月增重最快，每天可增重 144g。8 月总采食量与其他月之间无显著差异，但此时料重比最低。

表 5-10　母羊体重、采食量及饲料转化效率

项目		体重（kg）	增重（kg）	平均日增重（g）	总采食量（g）	料重比
组别	G1	31.43	1.46[b]	90.54[b]	1.04	15.19[a]
	G2	31.23	1.60[b]	98.49[b]	1.03	12.75[ab]
	G3	32.37	1.90[a]	117.53[a]	1.15	11.13[b]
月份	8	30.39[b]	2.15[a]	143.59[a]	1.12	9.15[b]
	9	32.08[bc]	1.69[b]	112.66[b]	1.09	10.70[ab]
	10	33.69[ab]	1.60[b]	106.95[b]	1.03	12.28[ab]
	11	35.24[a]	1.56[b]	77.79[c]	1.02	14.44[a]
	SEM	0.50	0.06	4.30	0.14	0.67
P 值	T	0.544	0.006	0.009	0.208	0.023
	M	<0.001	<0.001	<0.001	0.110	<0.001
	T×M	0.998	0.976	0.980	0.505	0.477

注：相同项目同列数据无肩标或肩标字母相同表示差异不显著（$P>0.05$），字母不同表示差异显著（$P<0.05$）。

补饲是维持或提高退化草地放牧家畜生产力的必要手段。于青云（2007）在35头不同品种犊牛补饲（平均每天补饲精料1.5kg/头）试验中发现，补饲犊牛增重（86.9kg）较无补饲者提高30.1kg/头。本试验G3组（高水平精料补饲组）增重和日增重较G2组（低水平补饲组）、G1组（无补饲组）分别提高了0.3kg、0.44kg和20g/d、27g/d。郭娉婷等（2015）用3~4月龄威宁半细毛羊进行的精料补饲试验（每天补饲0.43kg/只）也得到类似结果。此增重效应在8月最好，因为此时牧草产量和营养储存达到最大，母羊的干物质采食量也达到最大，利于发挥最大生产潜力。孙鹏飞等（2015）在青海玉树高寒草原放牧牦牛短期补饲试验，夏初（6月10日至7月15日）1、2、3周岁牦牛分别补饲精料1.0kg/d、1.25kg/d、2.0kg/d，饲养35d后补饲组日增重较不补饲组分别提高了206g/d、543g/d、177g/d，增重效果显著。因为牧草品质随季节迁移而快速下降，提供的可消化营养物质相应减少，特别是10月进入枯草期后，天然牧草不能维持放牧羊的采食需求，所以即使每天提供0.4kg补饲精料，本试验母羊的增重仍较8月减少了85%。营养缺乏会进一步影响母羊的繁殖性能。高水平补饲精料虽然对母羊干物质采食量的提高程度有限，但明显提高了蛋白质和代谢能采食量，从而显著提高了母羊的ADG。

本技术方案的G3组（高水平补饲精料组）显著提高了饲料转化效率，每增重1kg需要消耗饲料11.13kg，转化效率较G1组（无补饲组）提高了26.7%，较G2组（低水平补饲组）提高了12.7%。8月对此贡献最大，每增重1kg羊肉需要饲料9.15kg，效率比11月提高了36.6%。从第一性生产到第二性生产转化角度讲，本方案高寒草原在纯放牧情况下的料重比（15.19，表5-10中G1组）低于早期汪诗平等（2003）报道的内蒙古典型草原轻度放牧羊的料重比（12.28）。由此可见，秋季补饲对高寒草原非常有必要，且以每天每只补饲精料400g为宜。

（b）放牧补饲对母羊屠宰性能的影响。研究一致认为，补饲不影响放牧羊的宰前活重和胴体重，但有时会影响羔羊的消化器官重量。本技术各处理组宰前活重、头、蹄、毛皮、胴体重和腹油重均无显著差异（表5-11），但G3组的屠宰率显著高于 G1 组对照组，G2 组与对照组无显著差异。G3 组背膘厚显著高于 G2 和对照组，而后两组之间无显著差异。G2、G3 组眼肌面积显著高于对照组。各处理组心脏、肝脏、肺脏、肾脏和 4 个胃室及肠道重量在组间均无显著差异，但 G3、G2 组脾脏重量显著高于对照组。

表 5-11　母羊屠宰性能

项　目	G1 组	G2 组	G3 组	P 值
宰前活重（kg）	40.51 ± 0.88	38.30 ± 3.22	38.91 ± 1.83	0.773
胴体重（kg）	17.17 ± 0.84	17.40 ± 2.01	18.18 ± 0.85	0.859
屠宰率（%）	$42.34^{b} ± 1.33$	$44.20^{ab} ± 1.42$	$47.76^{a} ± 0.77$	0.049
背膘厚（mm）	$1.17^{b} ± 0.17$	$1.23^{b} ± 0.15$	$2.17^{a} ± 0.17$	0.008
腹油（kg）	1.38 ± 0.28	1.33 ± 0.18	1.88 ± 0.14	0.211
眼肌面积（cm²）	$13.98^{b} ± 0.62$	$16.02^{a} ± 0.62$	$16.78^{a} ± 0.19$	0.021
头重（kg）	1.62 ± 0.16	1.55 ± 0.06	1.57 ± 0.03	0.888
蹄重（kg）	0.50 ± 0.03	0.52 ± 0.02	0.55 ± 0.05	0.609
皮重（kg）	3.23 ± 0.41	3.28 ± 0.06	3.53 ± 0.02	0.660
心脏重（g）	200 ± 8	150 ± 2	217 ± 66	0.487
肝脏重（g）	567 ± 17	583 ± 44	667 ± 83	0.442
肺脏重（g）	317 ± 33	400 ± 29	383 ± 60	0.406
肾脏重（g）	83 ± 17	83 ± 33	100 ± 29	0.885
脾脏重（g）	$67^{b} ± 17$	$147^{a} ± 7$	$167^{a} ± 20$	0.008
瘤胃重（g）	700 ± 50	667 ± 17	617 ± 17	0.256
网胃重（g）	117 ± 17	133 ± 17	117 ± 17	0.729
瓣胃重（g）	117 ± 16	116 ± 17	100 ± 29	0.824
皱胃重（g）	200 ± 29	183 ± 33	167 ± 17	0.702
小肠重（g）	333 ± 60	367 ± 44	400 ± 50	0.679
大肠重（g）	883 ± 88	700 ± 104	767 ± 117	0.491

注：同行数据肩标有相同小写字母或无字母者表示差异不显著（$P > 0.05$）。

荷花（2013）比较放牧和舍饲成年绒山羊母羊屠宰性能时发现，舍饲组脾脏重量显著高于放牧组。在其试验中，舍饲组日粮能氮比为 81.85 MJ/kg（11.09 MJ/kgDE、13.55%CP），更接近于杨春涛等推荐的最适值 73.25 MJ/kg；而放牧组日粮能氮比为 108 MJ/kg（10.68 MJ DE/kg、9.85%CP），较之相差甚远。杨春涛等（2015）推荐，补饲精料能氮比为 73.25 MJ/kg 时绵羊生产性能最高，而且以此为基础的高蛋白质水平有助于提高机体免疫力。这可以解释本试验补饲组脾脏重量显著增大的原因。脾脏重量增加能增强动物的免疫功能，但其机理还需进一步研究。藏羊固有遗传资源单产水平普遍较低，本试验所用彭波半细毛羊母羊胴体重与品种培育目标重（17kg）相当，屠宰率为42.34%，补饲高水平精料将其提高了 5.42 个百分点（$P<0.05$）；略高于内蒙古典型草原放牧土种蒙古羊的屠宰率 43.53%。G3 组（高水平补饲组）的眼肌面积较 G1 组（不补饲组）提高了 2.80 个单位，高于接受相同补饲量威宁半细毛羊（13.98 ± 2.37）cm^2 的眼肌面积。较高的屠宰率和眼肌面积都可反映高补饲组具有较高的产肉力。赵彦光等（2014）补饲精料对云南半细毛羊屠宰性能影响研究中同样发现，低、中、高补饲将云南半细毛羊屠宰率由不补饲组的 40.22% 显著提高到 47.63%、48.07%、50.10%。除品种因素外，以上结果再次肯定了较高水平补饲的必要性。因此，对于西藏河谷区饲养的彭波半细毛羊成年母羊，补饲精料能显著提高产肉力和饲料转化效率，其效果以每天补饲 400g/ 只为优。

（2）放牧补饲对彭波半细毛羊羊肉品质的效果。澎波区从 20 世纪 70 年代开始，在调整农作物结构布局上重视牧业的发展，利用免耕地逐步扩大了种草面积，累计种植 900hm^2 人工草地，每只改良羊占有 0.14 亩，这使得当地养羊业得到了长足的发展。2014 年西藏绵山羊存栏总数达到 1 190 万只，其中绵羊 749 万只，存栏量位列全国第七位。在西藏独特的自然环境中，放牧羊肉质鲜美、肉汤醇香。但西藏传统牧区养羊依赖放牧，饲养周期长，出栏率低，2014 年绵羊、山羊出栏率总共仅 32.1%。为提高出栏量，山南地区、拉萨市周边县等条件较好的农区，羊只放牧的同时补饲青稞、小麦或精饲料，增重效果显著。放牧补饲可改善动物摄入营养的平衡，不仅能提高生产性能，还有利于改善肉品质。早期研究表明，补饲玉米、小麦等高能量饲料（大麦除外）的羊肉风味比完全放牧更好；以玉米等谷物籽实为主的舍饲羊肉中多不饱和脂肪酸（PUFA）含量低于放牧羊；补饲由玉米、豆粕、青稞、苜蓿草粉和青干草组成的混合饲料显著改善青海省海北州放牧牦牛肉质嫩度。西藏高寒草原动植物资源独特，但科学研究相对薄弱，目前有关补饲对藏羊肉品质影响的研究鲜有报道。2015年8—11月，在西藏自治区林周县卡孜乡白朗村，以彭波半细毛羊为研究对象，设3个精料补饲水平，分析比较母羊采食量及羊肉主要营养物质沉积在组间的差异，以阐明补饲精料对放牧藏羊肉品质的影响效果，为突出雪域羊肉特色，提升优势畜产品品牌优势提供科学依据和技术途径。

①技术方法。

（a）试验动物与饲养管理。同本章三、彭波半细毛羊提质增效养殖新技术—1.放牧补饲技术—（1）放牧补饲对彭波细毛羊生产性能的改善效果—①技术方法进行饲养管理。

（b）样品的采集与制备。牧草样品于9月中旬收集。在试验羊采食区域内布置50个1m×1m样方，剪取样方内所有可食植物的地上部分，烘干至恒重，粉碎、过40目标准筛，备测饱和链烷含量。同一时期，从各组随机挑选3只羊，每天出牧前、归牧后分别投喂一粒C32胶囊作为标物链烷，投喂第7天收集粪样，连续采集5d。从每天收集的同一只羊的粪便中称取30%~50%作为分析样品，收集期结束将同一只羊的粪样合并，用与草样相同的方法制备，待测。

试验羊屠宰45min后采集肉样。切取右侧胴体背最长肌，装入密封袋，保存在–20℃冰箱。运输回实验室后，切取鲜样50~60g，切成薄片平铺入培养皿中，用CHRIST Alpha（2–4LSC，德国）冻干机冷冻干燥96h，冻干机工作环境–87℃，0.006mpa。将冻干样用咖啡磨研磨成粉，混合均匀，装入自封袋，袋外包裹锡纸，待测营养物质。另外，在屠宰现场采集右侧胴体背最长肌3~5g，用10%福尔马林溶液浸泡、固定，48h后进行二次固定，按照常规组织学分析方法制作石蜡切片，苏木精–伊红（HE）染色。

（c）测定指标与方法。牧草和精饲料中DM、CP、NDF含量参照张丽英（2003）《饲料分析及饲料质量检测技术》测定。放牧采食量采用饱和链烷法测定。羊肉pH值用酸度计（PHS–3C，上海）测定，滴水损失、熟肉率用行业常规方法测定。羊肉CP含量采用FOSS（Kjeltec–2300，瑞典）定氮仪测定。肌内脂肪（IMF）含量用ANKOM脂肪仪（XT–15，美国）测定。氨基酸含量采用盐酸水解法，用全L–8900自动氨基酸分析仪（日本日立）测定。测定脂肪酸含量时，先用 GB/T 17377—2008 提供的方法甲酯化，制备好待测上清液后，用 450-GC 气相色谱仪（日本岛津）测定。色谱条件：毛细管色谱柱（60m×250μm×0.25μm），进样温度 260℃，检测器温度 270℃，分流比 20：1，进样量 1.0μl。肌肉组织切片用光学显微镜 10×40 倍镜观察，拍照，每个切片拍 6~10 个视野，用图像分析软件测量每个视野的肌细胞数量、直径和密度，每张切片至少测量 60 个肌细胞。

（d）数据统计与计算。放牧采食量公式以 C31/C32 作为链烷对。试验数据用 SAS 8.2 软件 ANOVA 程序中的 one-way ANOVA 程序进行单因素方差分析，当 $0.05 \leq P < 0.1$ 时视为有提高或降低的趋势，当 $P < 0.05$ 时为差异显著，差异显著时用 Duncan 氏法做多重比较。

② 技术效果分析。

（a）补饲精料对羊肉理化性质的影响。肉品的 pH 值关系肉品的嫩度、系水力、颜色等质量性状。宰后 45min 鲜肉的 pH 值为 5.9~6.5，而后随肌细胞内肌糖原酵解下降至 5.4~5.7。本方案中，补饲精料对各组羊肉的 pH_1、pH_{24} 在组间无显著影响，且各组宰后 24h 内 pH 值均在此正常范围内。补饲精料对各组羊肉的肉色及滴水损失均无显著影响，但 G3、G2 组的熟肉率显著高于对照组（表 5-12）。

表 5-12　母羊背最长肌理化性质

项目	处理组			SEM	P 值
	G1	G2	G3		
pH_1	6.17	6.28	6.42	0.03	0.528
pH_{24}	5.39	5.38	5.63	0.02	0.830
肉色	6.0	5.63	5.85	0.01	0.651
滴水损失（%）	2.04	1.57	1.71	0.10	0.159
熟肉率（%）	70.64[b]	73.98[a]	74.42[a]	0.74	0.046

注：表中同行数据肩标有不同字母表示差异显著（$P < 0.05$）。

肉色的变化反映肌肉生理生化和微生物学变化，颜色深浅主要取决于肌肉中色素物质肌红蛋白，其量越高肉色越深。放牧家畜肉色多为微暗红色，补饲精料可改变肉色。本技术方案各处理组肉色较深,可能预示着高原羊肉肌红蛋白含量较高(肌红蛋白是一种具有氧化特性的细胞质血红素蛋白,在肌肉中的主要作用是为肌肉组织储存和转运氧)。熟肉率是度量肉品系水力的重要指标,放牧羊肉的滴水损失高于舍饲羊肉。本技术方案的补饲精料改善了羊肉的持水力,从而提高了熟肉率。这是因为补饲提高了母羊的营养水平,促进肌间脂肪蓄积。肌间脂肪可使肌肉显微结构变松散,增加对水分的吸附能力;同时,肌肉中的水分因被脂肪置换而相对减少,含有脂肪的肌肉蒸煮冷却后更为紧实,使损失减少。

(b)补饲精料对羊肉常规营养物质和肌纤维的影响。补饲精料对各组羊肉中的水分和灰分含量没有显著影响,但G2、G3组的CP、IMF含量显著高于对照组,而G2和G3之间差异不显著(表5–13)。

表5–13　母羊背最长肌常规营养物质(鲜重基础)

单位:%

项目	处理组			SEM	P 值
	G1	G2	G3		
水分	70.35	71.17	70.89	0.41	0.766
粗蛋白质	20.39[b]	21.29[a]	21.46[a]	0.20	0.039
肌内脂肪	5.03[b]	7.27[a]	8.10[a]	0.50	0.003
粗灰分	2.10	2.24	2.15	0.09	0.866

注:表中同列数据肩标有不同字母表示差异显著($P < 0.05$)。

肉中水分对维持羊肉优良品质起着重要作用。一般,瘦肉中含有72%~75%的水分。水分含量的高低取决于其中的脂肪含量,二者呈反比例关系。本试验各组水分含量为70.35%~71.17%,低于普遍值,可能与其肌内脂肪(IMF)含量较高有关。IMF是影响肉品质的另一关键因子,与系水力、嫩度、风味等多种肉质性状密切相关。适当提高IMF含量可增强肉品风味、多汁性,并降低韧性。研究早已发现,IMF是形成肉品风味的重要前体物质,而肌间脂肪的作用很小。当IMF含量达到3.5%~4.5%时,肉品的口感最好。本技术方案中的各组 IMF 含量（5.03%~8.10%）高于此范围，说明彭波半细毛羊羊肉口感不佳。毕竟半细毛羊以毛用为主，兼肉用。Priolo 等（2002）指出，高营养水平的饲粮可提高羊肉 IMF 含量。本技术方案高水平补饲组的代谢能、CP 摄入量分别较低水平补饲组和对照组高 1.34MJ/d、1.60MJ/d 和 20g/d、21g/d，所以其 IMF 含量显著增加。同时，饲粮 CP 水平提高还可以提高肌肉蛋白合成效率，促进机体蛋白质沉积。这也是本技术方案高水平补饲羊肉 CP 含量显著增加的原因。于青云对不同品种公犊试验发现，补饲精料显著提高放牧新疆褐牛背最长肌中的 IMF 和 CP 含量，并改善了肉色和嫩度。

（c）补饲精料对羊肉肌纤维结构的影响。补饲精料显著影响羊肉肌纤维结构（表 5-14）。G3 组的肌纤维直径、面积有低于 G2 和对照组的趋势；相反，G3 组的肌纤维密度显著大于 G2 和对照组，而 G2 和对照组无显著差异。

表 5-14　母羊背最长肌肌纤维组织结构特征

项目	处理组			SEM	P 值
	G1	G2	G3		
直径（μm）	41.60	38.22	30.12	2.45	0.094
面积（μm²）	1 285	1 084	792	102	0.079
密度（n/mm²）	618[b]	643[b]	862[a]	50	0.039

注：表中同行数据肩标有不同字母表示差异显著（$P < 0.05$）。

肉质嫩度与肌纤维直径和密度密切相关，肌纤维直径越小、密度越大，肉质越细嫩、品质越好。西藏羊管理粗放，放牧时间长、运动量大，因而肌纤维较粗，IMF 分布少。张崇志等（2011）研究表明，营养水平对肉质的影响在细胞水平上可表现为肌纤维大小的不同。本技术方案中，高水平补饲精料母羊的营养水平较高，且显著提高了羊肉 IMF 含量，故而显著增加羊肉肌纤维密度，使肌纤维变的细密，起到了改善嫩度的作用。同样地，孔祥颖等（2015）对放牧牦牛补饲精料后显著降低了外脊剪切力，改善了肉质嫩度。灰分含量是所有矿物质元素含量的总体反映，本试验与赵彦光等（2014）试验结果一致表明，补饲精料对羊肉矿物质含量没有影响。综合可见，高低水平补饲精料都能促进胴体蛋白质沉积且不会破坏其矿物质营养，而且高水平补饲还能改善羊肉嫩度和口感。

（d）补饲精料对羊肉氨基酸含量的影响。补饲精料影响羊肉中的氨基酸含量（表5-15）。G2、G3组的天冬氨酸含量高于对照组，G3组的苏氨酸、谷氨酸含量有高于对照组的趋势；丝氨酸、甘氨酸、丙氨酸、半胱氨酸、缬氨酸、蛋氨酸、异亮氨酸、亮氨酸、色氨酸、组氨酸、精氨酸、脯氨酸含量在各组间无显著差异；G3组的苯丙氨酸、赖氨酸含量高于对照组，G2组与对照组差异不显著；G2、G3组的氨基酸总量和必需氨基酸含量高于对照组。

表5-15　母羊背最长肌氨基酸组成及含量

单位：g/100g冻干肉样

氨基酸构成	处理组			SEM	P值
	G1	G2	G3		
天冬氨酸 Asp	7.79[b]	8.01[a]	7.99[a]	0.04	0.010
苏氨酸 Thr	3.78	3.87	3.91	0.03	0.069
丝氨酸 Ser	2.89	2.94	3.04	0.03	2.272
谷氨酸 Glu	13.08	13.41	13.39	0.07	0.071
甘氨酸 Gly	3.56	3.61	3.56	0.02	0.517
丙氨酸 Ala	4.87	4.93	4.89	0.02	0.549
半胱氨酸 Cys	2.04	1.94	1.99	0.02	0.191
缬氨酸 Val	4.79	4.87	4.83	0.02	0.187
蛋氨酸 Met	1.69	1.83	1.95	0.06	0.176
异亮氨酸 Ile	4.02	4.11	4.02	0.02	0.262
亮氨酸 Leu	7.15	7.32	7.22	0.04	0.228
色氨酸 Trp	2.82	2.86	2.98	0.04	0.288
苯丙氨酸 Phe	3.62[b]	3.67[b]	3.73[a]	0.02	0.009
赖氨酸 Lys	7.69[b]	7.81[ab]	7.89[a]	0.04	0.030
组氨酸 His	3.28	3.36	3.28	0.02	0.389
精氨酸 Arg	5.24	5.43	5.41	0.04	0.093
脯氨酸 Pro	2.78	2.79	2.82	0.01	0.431
氨基酸总量	81.08[b]	82.82[a]	82.85[a]	0.35	0.033

（续表）

氨基酸构成	处理组			SEM	P 值
	G1	G2	G3		
必需氨基酸总量	45.58[b]	46.70[a]	46.54[a]	0.21	0.024

注：表中同行数据肩标不同字母表示差异显著（$P < 0.05$）。

生肉中的蛋白质含量约为 20%，是人类蛋白质营养的重要来源，富含各种必需氨基酸，如赖氨酸、异亮氨酸和蛋氨酸。天然氨基酸中人体所需的有 22 种，羊肉含有 17 种。本技术方案中 3 个处理组含有的 17 种氨基酸中，必需氨基酸含量分别占氨基酸总量的 56.22%、56.39% 和 56.17%，在忽略品种和年龄的情况下相对高于青海半细毛羊（50.81%）、高原型藏羊（51.04%）等品种绵羊。与新品种育种之初的检测结果一致，此结果再次肯定，彭波半细毛羊羊肉具有较高的氨基酸营养。苏氨酸、赖氨酸是人体必需氨基酸，对促进人体生长发育起着重要作用。本试验，高水平补饲精料显著提高了必需氨基酸、氨基酸总量，特别是提高了苏氨酸、赖氨酸含量，改善了羊肉的营养保健功能。谷氨酸、天冬氨酸、甘氨酸、丙氨酸、苯丙氨酸和酪氨酸 6 种氨基酸能使肉类呈现特殊鲜味，又被称为呈味氨基酸。肉类的鲜味取决于这类氨基酸含量的高低。本技术方案中，高水平补饲组的天冬氨酸、苯丙氨酸和谷氨酸含量显著提高或有提高的趋势，表明高水平补饲精料能增加羊肉的鲜味，增进消费者的食欲。此外，呈味氨基酸还具有预防糖尿病和抗高血压的功效。因此，放牧加补饲羊肉具有更高的营养保健价值。

（e）补饲精料对羊肉脂肪酸含量的影响。除氨基酸外，肉中的脂肪酸组分及含量也是影响肉品质的重要因素。本方案羊肉脂肪酸组分中，除 C17：1 和 C18：1 trans-9 外，补饲精料对羊肉中其他组分脂肪酸含量均没有显著影响，G2 组的 C17：1 含量显著低于对照组和 G3 组，而后二者间无显著差异（表 5-16）；G3 组的 C18：1 trans-9 含量有高于对照组的趋势，但 G2 与对照组无显著差异。饱和脂肪酸总量（SFA）、单不饱和脂肪酸（MUFA）和 PUFA 含量在各组间差异不显著。

表 5-16　母羊背最长肌脂肪酸组分

单位：g/100g 冻干肉样

脂肪酸组分	处理组			SEM	P 值
	G1	G2	G3		
C10：0	0.14	0.14	0.14	0.01	0.992
C13：0	0.22	0.15	0.21	0.03	0.574
C14：0	1.62	1.46	1.63	0.08	0.655
C14：1	0.09	0.07	0.11	0.01	0.262
C15：0	0.46	0.43	0.48	0.05	0.940
C15：1	0.11	0.13	0.19	0.03	0.602
C16：0	15.41	14.68	14.42	0.73	0.881
C16：1	1.69	1.35	1.66	0.08	0.149
C17：0	0.71	0.48	0.61	0.06	0.265
C17：1	0.82^a	0.51^b	0.67^{ab}	0.05	0.027
C18：0	8.25	7.39	7.03	0.48	0.625
C18：1 trans-9	1.07	1.03	0.90	0.03	0.091
C18：1 cis-9	24.29	22.31	22.27	1.22	0.793
C18：2 trans-6	0.10	0.12	0.12	0.01	0.804
C18：2 cis-6	3.43	2.70	2.84	0.26	0.531
C18：3 n-6	0.02	0.06	0.02	0.01	0.331
C18：3 n-3	0.61	0.50	0.52	0.04	0.565
C21：0	0.42	0.42	0.33	0.04	0.587
C20：2	0.03	0.06	0.03	0.01	0.778
C20：3 n-6	0.07	0.08	0.04	0.02	0.612
C20：4 n-6	1.06	0.81	0.82	0.13	0.718
C20：5 n-3	0.23	0.14	0.21	0.03	0.398
C22：0	0.25	0.15	0.17	0.03	0.476
饱和脂肪酸总量 ∑ SFA	27.53	25.34	25.04	1.31	0.756
单不饱和脂肪酸总量 ∑ MUFA	27.93	25.31	25.64	1.30	0.727
多不饱和脂肪酸总量 ∑ PUFA	5.52	4.41	4.57	0.41	0.557

注：表中同行数据肩标不同字母表示差异显著（$P < 0.05$）。

饲粮能量水平影响体组织脂肪酸组分。当饲粮能量水平降低时，羔羊体脂肪中亚麻酸比例明显升高；饲粮能量和蛋白质水平同时降低时，则显著提高了八眉猪背膘和板油中的油酸、亚麻酸、MUFA 和 PUFA，显著降低了 SFA 量。本技术例的高水平补饲组代谢能和 CP 摄入较多，但其 SFA、MUFA 和 PUFA 量与另外两组并无显著差异，而且显著降低了反式油酸（C18∶1trans-9）含量。油酸是羊肉中最重要的 MUFA，具有降低血液中胆固醇和低密度脂蛋白的作用，所以通常称之为良性脂肪酸。但作为反式脂肪酸，反式油酸对人体有害，可使血液胆固醇浓度升高，从而提高心血管疾病发生的风险。本试验高水平补饲精料显著降低了反式油酸含量，改善了羊肉脂肪营养。以上可见，每天补饲精料400g 不仅不会破坏羊肉中的不饱和脂肪酸，还能降低有害脂肪酸组分，从而提高羊肉的保健功能。综合以上结果，高水平补饲精料提高彭波半细毛羊的营养水平，改善羊肉营养价值和嫩度，但不会破坏肉中不饱和脂肪酸组分，且每天每只补饲精料 400g 的效应优于 200g。

2. 有机硒补饲技术

硒是动物和人体所必需的营养元素，机体自身不能合成，只能由食物供给。全世界有 5 亿 ~10 亿人面临硒营养缺乏的问题。中国是缺硒大国，而西藏高原尤为严重，土壤及其植物普遍缺硒。长期的硒营养缺乏已经严重影响当地畜牧业高效发展及居民的身体健康，幼畜白肌病及人体克山病和大骨节病（KBD）在西藏多地流行。因此，西藏高原亟待研究提高饮食硒水平的方法。硒生物强化是提高饮食硒水平的有效策略。对于西藏地区居民，因气候寒冷人们对牛羊肉的摄入量很大。因此，本方案采用补饲有机硒的方式来提高羊肉硒含量，以期为西藏地方居民提供硒含量较高的肉食品及其养殖技术方法。

（1）技术方法。

① 试验动物与分组。选 1 岁左右、健康的彭波半细毛羊母羊 30 只，随机分为 3 个处理组，每组 10 只重复，各组平均体重在组间无差异（18kg）。3 处理组分别为：完全放牧无补饲组（CK，对照组）；放牧＋补饲无机硒组（INOS）；放牧＋补饲有机硒组（OS）。补饲的无机硒、有机硒分别用硒酸钠

（NaSeO$_3$）和 SEL-SE 提供，添加时混合其他预混料配合入饲粮中，其添加量分别为每 kg 日粮 0.045g 和 0.15g。2 个补饲组的精补料配方设置除硒外，其他完全一样。

② 饲养管理。试验羊每天 9 时出牧，19 时归牧。归牧后分别圈入 3 个栏舍，CK 组不补饲，INOS、OS 组接受单栏补饲，每只每天补饲 300g 自配精补料。试验期 90d，预试期 10d。试验期间，所有羊只每隔一月称取一次空腹体重，自由饮水。饲养结束后，从每组挑选体重相近的 8 只羊参与屠宰试验。

③ 样品的采集与制备。血样采集时，从每组随机选用 6 只试验羊，用真空采血管颈静脉采集血样。分别用抗凝管和促凝管，每只羊无菌采集 5mL 血样，用于测定血液生理和生化指标；同时，采集 10mL 血样，3 000r/min 离心 15min，制备血清分装于 2mL 离心管，迅速移入 -80℃超低温冰箱保存，以备生化指标和抗氧化指标的测定。肉样的采集与制备方法同本章三、彭波半细毛羊提质增效养殖新技术—1. 放牧补饲技术—（2）放牧补饲对彭波半细毛羊肉品质的效果—①技术方法。

④ 测定指标与方法。血液生化指标采用迈瑞 BS-200 全自动生化分析仪（深圳迈瑞生物医疗电子股份有限公司）测定。血清抗氧化指标，包括总抗氧化能力（T-AOC）、总超氧化物歧化酶（T-SOD）、谷胱甘肽过氧化物酶（GSH-Px）和丙二醛（MDA），采用南京建成生物工程研究所生产的试剂盒测定，比色所用仪器为 V-1100D 型紫外分光光度计（上海美谱达仪器有限公司）。

羊肉水分、灰分、CP、脂肪含量的测定方法同本章三、彭波半细毛羊提质增效养殖新技术—1. 放牧补饲技术—（2）放牧补饲对彭波半细毛羊肉品质的效果—①技术方法。羊肉中硒含量采用氢化物发生 - 原子吸收光谱法测定，测定时先将 0.5g 样品浸没于 10mLHNO$_3$（65%w/v）进行微波消解。

⑤ 数据统计与分析。同本章三、彭波半细毛羊提质增效养殖新技术—1. 放牧补饲技术—（2）放牧补饲对彭波半细毛羊肉品质的效果—①技术方法。

（2）技术效果分析。

① 补饲硒对彭波半细毛羊羊肉营养价值的影响。西藏是我国硒缺乏最严重的地区之一，长期缺硒已经严重影响当地畜牧业高效发展及居民的身体健康。因而，研究通过补饲有机硒的方式提高绵羊机体硒水平，进而提高藏羊肉中的硒含量。结果如表5-17所示，3个处理组对彭波半细毛羊羊肉水分、灰分、粗蛋白和脂肪含量均没有显著影响，但是OS组的硒含量最高、INOS组次之，对照组最低，三者差异显著。补饲有机硒和无机硒均能显著提高羊肉中沉积的硒含量，这可以在提升家畜健康的同时为当地居民提供硒含量较高的羊肉，以改善他们的健康状况。

表5-17　各处理组彭波半细毛羊羊肉营养价值

项目	处理组			SEM	P值
	CK	INOS	OS		
水分（%）	76.09	74.98	75.05	0.34	0.372
灰分（%，DM）	6.09	5.35	5.48	5.64	0.468
粗蛋白质（%，DM）	83.02	80.51	81.91	1.21	0.752
脂肪（%，DM）	11.57	14.39	13.80	13.25	0.769
硒（mg/kg，DM）	0.14[c]	0.25[b]	0.50[a]	0.06	0.011

② 补饲硒对彭波半细毛羊血液生化指标的影响。如表5-18所示，3个处理组绵羊血液总蛋白、白蛋白和球蛋白以及甘油三酯、低密度脂蛋白胆固醇浓度均没有显著影响，但OS处理组的葡萄糖浓度有增加的趋势高，其尿酸浓度显著低于对照组、INOS组。OS处理组的总胆固醇浓度有降低的趋势，高密度脂蛋白胆固醇浓度显著低于对照组。

表 5-18 各处理组彭波半细毛羊血液生化指标

项目	处理组			SEM	P 值
	CK	INOS	OS		
总蛋白（g/L）	79.33	79.23	79.05	0.74	0.989
白蛋白（g/L）	23.78	22.83	23.63	23.42	0.179
球蛋白（g/L）	55.67	56.33	55.50	0.66	0.879
葡萄糖（g/mL）	3.64	4.05	4.26	0.17	0.076
尿酸（μmol/L）	6.82[a]	6.65[a]	3.53[b]	0.04	0.021
总胆固醇（mmol/L）	1.99	1.75	1.50	0.10	0.069
甘油三酯（mmol/L）	0.41	0.49	0.37	0.04	0.510
高密度脂蛋白胆固醇（g/mL）	1.33[a]	1.13[ab]	0.93[b]	0.07	0.031
低密度脂蛋白胆固醇（g/mL）	0.43	0.48	0.44	0.02	0.496

血液生化指标能够作为一种比较敏感的方法监测由养殖环境产生的应激效应，血液中总蛋白、葡萄糖、胆固醇、甘油三酯的含量能够很好地反映动物的营养健康状况。蛋白质代谢、碳水化合物代谢以及脂肪代谢等活动异常通常会引起血液中总蛋白和胆固醇含量的变化，因此胆固醇常被用于检测由脂肪代谢紊乱产生相关疾病。研究发现，缺硒导致大鼠 DIO 活性下降，最终引起血浆低密度脂蛋白胆固醇含量异常升高。本方案中当彭波半细毛羊补饲有机硒后，血液中的葡萄糖含量显著升高，而胆固醇和高密度脂蛋白浓度降低，是因为补饲硒提高动物机体抗氧化能力，从而使血液葡萄糖含量升高，进而提高能量利用效率，使血液尿酸含量显著降低。

③ 补饲硒对彭波半细毛羊血液抗氧化性能的影响。如表 5-19，3 个处理对彭波半细毛羊血液总抗氧化能力有显著影响，虽然 SOD 活性浓度在处理组间无显著差异，但 OS 处理组的 T-AOC 浓度显著高于对照组，而且补饲有机硒显著提高绵羊机体的 GSH-Px 活性，使机体清除氧自由基的能力得到有效加强，从而有效减弱氧自由基对机体的攻击，使机体更健康。并且，OS 组的 MDA 含量显著低于 INOS 组和对照组，显示了有机硒降低绵羊血液中 MDA 含量的作用。

这启示，补饲有机硒能阻止细胞膜脂质过氧化作用，这将对不饱和脂肪酸组分在体组织中的沉积有非常好的保护作用。

表 5-19　各处理组彭波半细毛羊血液抗氧化性能

项目	处理组			SEM	P 值
	CK	INOS	OS		
总抗氧化能力 T-AOC（nmolmg prot）	3.11[b]	4.02[ab]	5.10[a]	0.34	0.048
超氧化物歧化酶 SOD（U/mg prot）	77.15	72.78	74.75	1.67	0.593
谷胱甘肽过氧化物酶 GSH-Px（nmol/mg prot）	428.74[b]	679.11[a]	665.19[a]	31.01	<0.001
丙二醛 MDA（nmol/mg prot）	4.61[a]	4.12[a]	3.36[b]	0.13	0.032

以上结果表明，补饲 0.15g/kg 有机硒是显著提高西藏彭波半细毛羊抗氧化能力和能量利用效率及羊肉硒沉积的有效措施。

3. 半放牧半舍饲技术

西藏高原气候寒冷，四季放牧制度开始向以减少放牧时间为主的半放牧半舍饲 + 冬春季暖棚舍饲方式转变。近年来，鲍宇红等（2015）比较研究了自由放牧、半舍饲、全舍饲 3 种饲养模式对当雄藏系母羊体重的影响，结果表明全舍饲成年母羊的体重显著高于自由放牧组，半舍饲组母羊的体重显著高于自由放牧组，但低于舍饲组。西藏草地畜牧业发展滞后于内地的草原大省，因而有关放牧家畜优化管理和饲养制度转型升级方面开展的研究相对较晚又较少，现有研究集中在西藏的农区和农牧交错区。如光明日报全媒体记者李慧（2020）报道，日喀则市按照"调结构、腾空间、转方式、提效能"的目标，转变生产经营方式，全力推动牛羊产业发展，2020 年 1 月《财经国家周刊》在京举办"西藏畜牧业高质量发展"课题研讨会指出 2019 年日喀则市出栏牦牛 11.5 万头、绵羊 115 万只，商品率达 70%，肉奶产量分别达到 5.23 万 t、12.9 万 t。西藏作为我国重要的高原畜产品生产基地，采取新模式发展牦牛、藏羊等优势产业对全区打好打赢脱贫攻坚战具有重要意义。

而且，随着现代生活节奏的加快，癌症、心脏病等高危疾病患者显现年轻化，激发了人们对保健食品的强烈需求。DHA（二十二碳六烯酸），俗称脑黄金，是人体必需脂肪酸，只能通过食物获取，人体自身不能合成，对维持人类健康有非常重要的作用。DHA是大脑和视网膜的重要构成成分，在人体大脑皮层和视网膜中所占的比例分别高达20%和50%。同时，DHA还具有抗癌、抗炎、预防心脏血管疾病、改善老年痴呆等功能。因此，研发富含DHA的食物，对于提升人们的健康水平和智力开发都具有十分重要的意义和广阔的应用前景。

含有DHA的食材主要有鸡蛋、海藻和深海鱼类。海产品对于广居北部地区的人们不仅获取受限，而且不习惯每天食用。鸡蛋是"三高"人群和胆囊病人的禁忌食物。羊肉作为中国人传统食谱中的重要成分，其营养价值和质量安全得到人们的广泛认同，尤其是来自牧区的纯天然绿色羊肉已成为消费者的新宠。研究发现，在高山草场放牧的羊肉感官特性和营养浓度优于低地草场。因此，对于平均海拔高度4 000m以上居民以牛羊肉为主食的西藏，研发提高羊肉中DHA的饲养放牧方法，希望对一些高原疾病的预防有所帮助，改善老百姓健康水平，从而提高他们的幸福感、获得感。

（1）技术方法。

① 试验动物与分组。将24只1岁左右的健康的彭波半细毛羊公羔羊，按照同质原则随机分为3个处理组：上午放牧4时组（4h AM组，对照），下午放牧4时组（4h PM组），上下午共放牧8时组（8h组），各组之间平均体重无显著差异。所有羊只采用上下午分时段放牧，其中：4h AM组每天9时出牧，13时归牧；4h PM组15时出牧，19时归牧；8h组9时出牧、13时归牧、15时出牧、19时归牧。放牧场的可食牧草成分包括白草、高山嵩草、青藏苔草、白尖苔草、藏白蒿、固沙草、长芒草、藏布三芒、蜜花毛果草、黑穗画眉草、西藏蒲公英和钉柱委陵菜等。补饲饲料为青稞。

② 饲养管理。所有试验羊每天8时补饲，每只每天补饲350g青稞。所有羔羊自由饮水。每隔半月出牧前称取空腹体重。饲养试验结束，试验羊全部屠宰，屠宰现场采集背最长肌，宰前24h禁食，2h禁水。

③ 样品的采集与制备。此部分方法同本章三、彭波半细毛羊提质增效养殖

新技术—1.放牧补饲技术—（1）放牧补饲对彭波半细毛羊生产性能的改善效果—①技术方法进行。

④ 测定指标与方法。羊肉营养成分的测定方法同本章三、彭波半细毛羊提质增效养殖新技术—1.放牧补饲技术—（1）放牧补饲对彭波半细毛羊生产性能的改善效果—①技术方法进行。

⑤ 数据统计与分析。同本章三、彭波半细毛羊提质增效养殖新技术—1.放牧补饲技术—（1）放牧补饲对彭波半细毛羊生产性能的改善效果—①技术方法进行。

（2）技术效果分析。

① 不同放牧时间对彭波半细毛羊屠宰性能的影响。三个不同时段放牧处理对羔羊的宰前活重有显著影响，放牧8h组的宰前活重显著高于4h AM组和4h PM组（宰前活重是毛重，不能反映真正的产肉力），而4h AM组与4h PM组之间没有显著差异。胴体重、屠宰率在处理之间没有显著差异（表5-20）。本技术方案结果表明下午放牧4h不影响羔羊的产肉力。与西藏传统的无补饲饲养相比较，每天下午放牧4h结合季节性350g青稞补饲可提高彭波半细毛羊的生产性能，有助于增加农牧民的养殖收益。

表5-20　各处理组羔羊的屠宰性能

项目	处理组			SEM	P 值
	4h AM	4h PM	8h		
宰前活重（kg）	26.00[b]	25.50[b]	27.33[a]	0.71	0.032
胴体重（kg）	12.02	11.97	12.55	0.39	0.201
屠宰率（%）	46.23	46.94	45.92	0.53	0.514

注：表中同行数据肩标不同字母表示差异显著（$P < 0.05$）。

② 不同放牧时间对彭波半细毛羊羊肉常规营养成分的影响。如表5-21，不同时段放牧处理对羔羊肉中的水分、灰分和脂肪含量没有显著影响，但4h PM组的肉蛋白含量有增高的趋势。张晓庆和张英俊（2015）分析了绵羊牧

食行为对限时放牧制度的响应过程，结果表明绵羊可通过提高采食效率和反刍效率，减少休息时间和游走时间，来补偿放牧时间的减少。将传统的每天 12h 放牧制度转变为每天限时 4h 放牧制度时绵羊能通过自我调整适应新制度。这种适应是通过提高采食效率、反刍效率，减少休息时间、行走时间和行走距离的采食补偿策略实现的。而且 Zhang 等（2017）发现，放牧时间限制在 4h 以内的羊偏向于采食蛋白质含量较高的牧草。这可能是本技术中 4h PM 组羊肉蛋白质含量提高的原因。说明，在西藏下午限时放牧 4h 有助于提高羊肉蛋白质沉积。

表 5-21　各处理组羔羊肉的营养价值

项目	处理组			SEM	P 值
	4h AM	4h PM	8h		
水分（%）	71.16	69.56	70.22	0.73	0.628
灰分（%，DM）	1.32	1.29	1.45	0.02	0.493
粗蛋白质（%，DM）	19.03	21.70	21.00	0.15	0.080
脂肪（%，DM）	3.33	3.01	2.97	0.08	0.272

注：表中同行数据肩标不同字母表示差异显著（$P < 0.05$）。

③ 不同放牧时间对彭波半细毛羊羊肉重要脂肪酸组分的影响。对于脂肪酸组分，如表 5-22，三个不同时段放牧处理对 DHA 和 EPA 含量均有显著影响，4h PM 组最高（1.55%、2.09%），8h 组次之，4h AM 组最低（1.19%、1.37%）。同时，4h PM 和 8h 组的 α-亚麻酸含量显著高于 4h AM 组。α-亚麻酸是合成长链脂肪酸的前体物质，可以促进机体中 DHA、EPA 的产生。4h PM 组的棕榈酸含量显著低于 4h AM 组，而 8h 组 4h AM 和 4h PM 组都无显著差异。棕榈酸油是动物和植物体内最普遍存在的饱和脂肪酸，人体大量摄入高含量食物容易引发冠心病、高血压等疾病。这说明，下午放牧 4h（结合季节性补饲）对羊肉中重要的有益脂肪酸组分的沉积有明显的改善作用，其效果优于上午放牧 4h，而与 8h 更长时间放牧没有差异。也就是说，只要每天连续放牧 4h（最好是下午放牧）就可以达到通过改变放牧时间调控羊肉脂肪酸沉积的目的，4h 之后继续延长放牧时间并无时间累积效应。

表 5-22　各处理组羔羊肉中的脂肪酸含量（占总酸的 %）

项目	处理组			SEM	P 值
	4h AM	4h PM	8h		
C22：6n-3（DHA）	1.19[c]	1.55[a]	1.31[b]	0.04	<0.001
C20：5n-3（EPA）	1.37[c]	2.09[a]	1.66[b]	0.05	0.002
C18：3n-3（α-亚麻酸）	1.99[b]	2.51[a]	2.47[a]	0.06	<0.001
C16：0（棕榈酸）	17.85[a]	16.03[b]	17.00[ab]	0.22	0.030

注：表中同行数据肩标不同字母表示差异显著（$P < 0.05$）。

牧草是 α-亚麻酸的天然来源，其含量的高低影响着羊肉脂肪酸组分的沉积。研究已公认，放牧羊肉含有丰富的 n-3 PUFA。本技术方案中每天下午放牧 4h 结合季节性补饲，能显著提高彭波半细毛羊羊肉中的 n-3 PUFA，使雪域高原的羊肉更具特色，对地方居民的健康也有非常重要的意义。

4. 冬春季全舍饲技术

相对于舍饲家畜而言，自由采食的放牧家畜表现出更多与觅食和游走有关的行为活动。这些生理活动将消耗日常能量需要量的 25%~50%，严重时甚至会导致家畜生产性能降低。特别是在冷季放牧（此时正值枯草期，牧草的质量和产量均不能满足家畜需求）不仅大量额外消耗家畜能量，而且还会引发冷应激反应，影响家畜免疫机能和健康水平，并加剧草地退化。过去传统的全年每天长达 12h 放牧制度不仅造成草原畜牧业生产力降低，还带来一系列生态、生产、生活问题。为兼顾三者，传统的自由放牧制度已经开始向以减少放牧时间为主要手段的新型半放牧半舍饲制度转型升级。李小英（2014）、阚向东等（2019）采用暖棚舍饲在藏羊及牦牛越冬管理中起到了良好的提质增效作用，提高了家畜生产性能和农牧民经济收入。Jin 等（2019）研究表明，冬春季彭波半细毛羊舍饲后，不仅将一贯的越冬掉膘减重扭转为保膘增重（日增重提高了 125%），改善了绵羊健康水平；与此同时，舍饲减轻了冬春季草场的载畜压力，促进草原生态修复。

西藏是我国重要绿色生态屏障。采用冬季舍饲对藏羊及牦牛的生产性能及经济收入起到了非常明显的提质增效作用。然而，改变这种千百年来形成的惯性饲养方式会不会对家畜的正常代谢及健康水平造成影响，目前尚不清楚。本技术方案选用西藏彭波半细毛羊母羊为研究对象，以传统自由放牧为对照，通过对比分析舍饲和放牧两种不同饲养方式对母羊生产性能、血液生理生化性质、抗氧化性能和代谢组学的影响效应，明确冷季舍饲的利与弊，为西藏现代草原放牧制度转型升级提供数据参考。

（1）技术方案。

① 试验动物与分组。试验于 2016 年 12 月 1 日至 2017 年 4 月 30 日在西藏自治区拉萨市林周县卡孜乡白朗村，将 60 只 2~2.5 岁彭波半细毛羊母羊，按照组间体重差异不显著的原则，随机分为 2 个处理组：放牧组（G，对照组）和舍饲组（D），每组 30 只重复，每组平均体重 31.33kg。放牧组白天放牧，每天 9 时 30 分出牧，19 时归牧，归牧后圈入羊舍。舍饲组圈养，白天 13—15 时在运动场自由活动。所有试验羊饲喂数量、组成都相同的精饲料和绿麦草干草。精饲料为商业羊用精补料（购自西藏九丰饲料有限公司），每天每只饲喂 400g，分早晚 2 次饲喂；绿麦草干草为自由采食。精补料和绿麦草干草的营养成分见表 5-23。试验期间，每月称取一次空腹体重。

表 5-23　精补料和绿麦草干草营养成分（干物质基础）

饲料	干物质 DM（%）	粗蛋白质 CP（%）	代谢能 ME（MJ/kg）	中性洗涤纤维 NDF（%）	酸性洗涤纤维 ADF（%）
精补料[1]	88.25	16.18	10.20	8.68	6.01
绿麦草干草	93.54	6.19	7.25	74.14	47.02

[1]精饲料由 65% 玉米、10% 豆粕、8% 菜籽粕、6% 菜籽粕、10% 麸皮及 1% 添加剂预混料构成。

② 血液样品的采集与制备。冬春季饲养试验结束当天，从每组随机选用 6 只试验羊，用真空采血管颈静脉采集血样。采集方法同本章三、彭波半细毛羊提质增效养殖新技术—2.有机硒补饲技术—（1）技术方法。分离出的血清分

装于 2mL 离心管，迅速移入 −80℃超低温冰箱保存，以备抗氧化指标测定和代谢组学分析。同时，齐根剪取每只羊同一侧肩部白色毛样 15~20g，并参照郝正里等（1998）方法清洗、烘干、剪碎，待测矿物质元素含量。

③ 测定指标与方法。血液生理指标，包括白细胞总数（WBC）、红细胞总数（RBC）、血红蛋白（HGB）、血小板总数（PLT）等采用迈瑞 BC-3000 全自动血液细胞分析仪（深圳迈瑞生物医疗电子股份有限公司）测定。血液生化指标和血清抗氧化指标的检测方法同本章三、彭波半细毛羊提质增效养殖新技术—2. 有机硒补饲技术—（1）技术方法。

进行血清代谢组学分析测定时，先将 −80℃冻存的血清样品放置于 4℃冰箱，待其融化，取 40μL 加入冷甲醇，封膜，震荡，室温静置，再于 4℃离心 30min，离心力为 4 000g。取 25μL 上清液加入 50% 甲醇稀释后，取稀释液 60μL 分装待测。测定时，采用 ACQUITYUPLCBEH（C18 column，Waters，UK）进行色谱分离，色谱柱柱温为 50℃，流速为 0.4mL/min，其中 A 流动相为水和 0.1% 甲酸，B 流动相为甲醇和 0.1% 甲酸。从色谱柱上洗脱下来的小分子用 Xevo 高分辨串联质谱仪（G2-XS QTof，Waters，UK）分别进行正负离子模式采集。

对于矿物质元素含量的测定，样品经浓硝酸和 30% 过氧化氢消解，消解液中的钙、镁和铁元素含量采用电感耦合等离子体发射光谱仪（ICP-OES）测定；磷、铜、锌、锰、钼和碘含量采用电感耦合等离子体质谱仪测定（ICP-MS）；硫、硒含量分别采用元素分析仪和原子荧光光谱法测定。

④ 数据统计与分析。母羊体重及其血液生理生化指标、抗氧化指标采用 SAS8.2 软件 ANOVA 程序中的 one-wayANOVA 程序进行单因素方差分析，当 $0.05 \leqslant P < 0.01$ 时视为有提高或降低的趋势，当 $P < 0.05$ 时为差异显著，差异显著时用邓肯氏法做多重比较。代谢组学数据待质谱下机后将原始数据导入 Progenesis QI2.2 软件进行峰提取，并用 QC-RSC 方法校正。校正数据进行过滤后，采用 PLS-DA 鉴别 2 个处理组间聚集和离散的主要差异变量。采用 T 检验和变异倍数分析进一步对统计检验产生的 p-value 进行 FDR 校正得到 q-value，

通常以差异倍数 ≥ 1.2 或 ≤ 0.8333，q-value 值小于 0.05 作为筛选差异代谢物的条件。

（2）技术效果分析。

① 羊舍内外温度差异比较分析。冷季舍饲是兼顾草地畜牧业生产和生态保护建设的双效措施。西藏自治区大多地区终年寒冷无夏，冬春季风大、寒冷、缺氧。本试验在西藏气候条件相对较好的河谷地区开展，虽然最低气温高于那曲、阿里等其他苦寒之地，但试验区外界环境温度依然低于羊舍温度。从图 5-2 可知，从 12 月至翌年 4 月林周河谷地区放牧组和舍饲组羊舍内温度显著高于室外温度，特别是 12 月和翌年 1 月，室外温度分别降低到 -0.87℃和 -2.30℃，而两处理组羊舍内温度分别为 1.4~3.07℃和 1.73~4.16℃（两羊舍内温度无显著差异）。试验进行的 5 个月中，1 月温度最低，其次为 12 月，4 月温度达到 8.05~12.01℃。

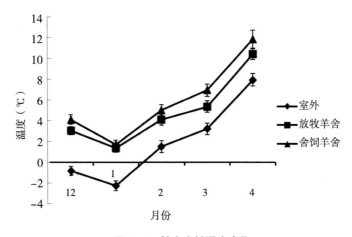

图 5-2　羊舍内外温度变化

家畜在这种低温缺氧的高原低温环境下放牧会造成严重的能量消耗，特别是对母畜，从而引起体重损失，损失率最高可达 30% 以上。当冬季日平均气温在 -5℃以下时，放牧绵羊每天损失的能量为 9~17MJ/d，这导致它们对能量的需要量大幅度提高，提高的程度为温暖环境中的近 2 倍之多。张晓庆等（2017）

在羊舍温度对冬春季放牧与舍饲绵羊生产性能比较研究中提出，冬春季绵羊饲养适宜温度为2℃以上。本试验方案中，放牧组羊只在白天放牧过程中要经受零度以下的低温应激，尤其是1月，室外温度接近成年羊所能耐受的最低值（–3℃）。因此在精饲料补饲水平相同，圈舍内温度无差异的情况下，舍饲组母羊和羔羊均获得了较高的期末体重和增重效果；而放牧组母羊体重损失快而多，羔羊增重慢而少，究其原因主要归因于较低的外界温度。

② 放牧和舍饲彭波半细毛羊母羊体重变化的比较分析。在初始体重基本相同的前提下，经过5个月时间的饲养，舍饲组期末体重达到32.38kg，显著高于放牧组的28.77kg（表5–24）。经过漫长的冬季，舍饲组母羊体重并没有损失，其数值为–5.59g/d；而放牧组母羊体重损失达22.77g/d，显著大于舍饲组。

表5–24　放牧和舍饲彭波半细毛羊母羊体重变化

项目	处理组		P 值
	放牧组 G	舍饲组 D	
初始体重（kg/head）	31.16 ± 6.55[a]	31.50 ± 7.87[a]	0.858
期末体重（kg/head）	28.77 ± 4.99[b]	32.38 ± 6.56[a]	0.020
体重损失（g/day）	22.77 ± 40.48[b]	–5.59 ± 42.10[a]	0.011

注：同行数据肩标任一相同字母表示差异不显著（$P > 0.05$）。

③ 放牧和舍饲彭波半细毛羊羔羊体重变化的比较分析。图5–3和图5–4显示，放牧组羔羊初生重为3.32kg，之后，体重随着时间的推移而显著提高，到4月试验结束时增加到15.18kg；全期平均日增重为97g/d。舍饲组羔羊初生重为3.79kg，日增重速度明显较放牧组快，期末时体重达到16.09kg，全期平均日增重为120g/d，显著高于放牧组。两组羔羊体日增重曲线的共同特征是2月最低，分别为61g/d、89g/d。

环境温度越低，家畜饲草料消耗量越大。外界环境温度每下降1℃，母牛维持能量需要量增加2.9kJ/kgWB$^{0.75}$，采食量提高30%~70%。这种低效的饲

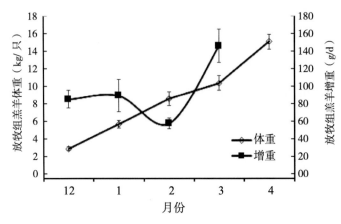

图 5-3　放牧组羔羊月体重及增重变化

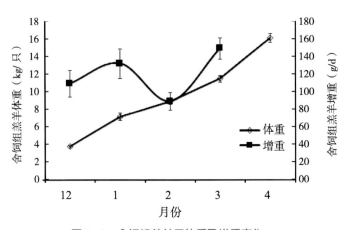

图 5-4　舍饲组羔羊月体重及增重变化

料利用，不仅造成饲料、人力等资源的浪费，还提高了饲养成本，降低了农牧民经济收入。如果在冬春季母羊采用暖棚舍饲的方式管理，那么与全天放牧相比较，每天可以减少 4MJ/d 代谢能需要量；即使采用传统的简易棚圈舍饲，每天所需代谢能也可以减少 2MJ/d。舍饲（暖棚）减少了放牧过程中大量的额外能量消耗，对家畜增重和饲料转化效率具有非常明显的改善效果。妥生智等（2016）采用冬季暖棚舍饲技术饲养母牦牛的试验结果表明，与放牧组比较，母牦牛日增重提高了 283g，犊牛日增重提高了 189g。陈清文（2012）、宫旭胤等

（2011）、张海滨等（2016）研究也得到了类似结果。

舍饲还能改善母羊营养，保证母羊获得对妊娠、泌乳等生理阶段的营养需要，不仅有利于维持自身体重，还有助于提高繁殖性能和羔羊生长率。Zhang等（2016）连续3年试验结果证实，冬春季舍饲+暖棚（简易改造）可显著提高母羊产羔数量、双羔率及羔羊成活率。本试验中，尽管统计学差异不显著，但舍饲组羔羊初生重较放牧组提高了14.2%（+0.47kg）。暖棚舍饲还能提高细毛羊产毛量，改善羊毛质量。谷英等（2015）在对鄂尔多斯细毛羊试验中发现，冷季暖棚舍饲的基础母羊、后备母羊、育成母羊的产毛量分别较放牧组提高了0.22kg、0.11kg和0.59kg。本方案虽然放牧组和舍饲组产毛量在统计上未达到显著水平，但是舍饲组产毛量较放牧组提高了9.09%（+0.23kg）。彭波半细毛羊是西藏河谷地区以毛用为主的重要绵羊品种，品种优势退化明显，新生羔羊存活率不足95%，母羊一年1胎，双羔很少。所以，为了最大限度地发挥彭波半细毛羊的品种优势，提高其生产性能和繁殖性能，过去粗放低级的饲养方式亟待转变。

西藏高原气候寒冷，天然草原产草量低，草畜矛盾突出。"一江两河"流域河谷地区，适宜放牧季节（5—9月）天然草原干草产量大多低于1 000kg/hm^2，平均为400kg/hm^2。按照草食家畜存栏数量1 343万个羊单位（SU）计算，丰草季节草原超载502万羊单位，超载高达159.7%；而枯草季节，即使结合青稞、小麦等农作物补饲饲料，仍超载493万羊单位，超载率158%。在长达7个月的枯草季节，牧草质量和数量很难满足放牧家畜需要，对于怀孕母羊更是难以维持体温和孕期体重。据武俊喜等（2017）估算，试验区放牧绵羊干物质采食量只有在高于舍饲绵羊150%~160%的情况下，才能维持正常机体对主要营养物质的需要量。因此，拉萨河谷区（以林周县为核心）绵羊的越冬饲养管理应采取舍饲饲养，时间可从12月初开始，次年3月底结束（4月天气转暖，气温已经高于5℃，不考虑年际间的气候变化效应），此模式既利于家畜生产，又利于早春牧草返青生长。

④ 放牧和舍饲彭波半细毛羊母羊血液生理指标浓度变化的比较分析。母羊

血液生理指标大多在 2 个处理组间没有显著差异（表 5-25），但舍饲组的 WBC 和 PLT 数目显著多于放牧组，而放牧组的 P-LCT 显著高于舍饲组。

表 5-25　放牧和舍饲彭波半细毛羊母羊血液生理指标

项目	处理组		P 值
	放牧组 G	舍饲组 D	
白细胞数目 WBC（×10⁹/L）	138.45 ± 7.17[b]	159.32 ± 5.40[a]	0.037
血红蛋白 HGB（g/L）	128.17 ± 10.91	135.50 ± 4.32	0.441
红细胞数目 RBC（×10¹²/L）	8.35 ± 0.72	8.40 ± 0.33	0.882
红细胞比容 HCT（%）	32.83 ± 2.96	32.17 ± 3.36	0.723
平均红细胞体积 MCV（fL）	39.37 ± 0.53	39.47 ± 1.03	0.837
平均红细胞血红蛋白 MCH（pg）	15.35 ± 1.32	16.06 ± 0.92	0.338
平均红细胞血红蛋白 MCHC（g/L）	412.00 ± 22.52	417.75 ± 24.80	0.938
红细胞分布宽度变异系数 RDW-CV（%）	13.73 ± 0.87	13.60 ± 0.98	0.916
红细胞分布宽度标准差 RDW-SD（fL）	17.78 ± 1.01	17.95 ± 1.53	0.990
血小板数目 PLT（×10⁹/L）	192.80 ± 72.42[b]	379.00 ± 53.21[a]	0.023
平均血小板体积 MPV（fL）	6.07 ± 0.49	5.70 ± 0.50	0.229
血小板分布宽度 PDW（%）	14.65 ± 0.20	14.62 ± 0.13	0.893
血小板压积 PCT（%）	0.13 ± 0.03	0.17 ± 0.02	0.211
大血小板比率 P-LCR（%）	13.10 ± 3.48[a]	7.80 ± 1.70[b]	0.028

冷季低温放牧不仅额外消耗家畜能量，而且还会引发冷应激反应，造成机体免疫力下降。本试验中，放牧组母羊血液中的白细胞数目显著少于舍饲组。白细胞是参与机体细胞免疫的重要成分，其数量的多寡可以反映机体免疫能力的强弱。在正常生理状态下，血液白细胞总数反映机体的综合免疫反应能力；白细胞数越多，则机体免疫能力越强。西藏位于我国西部边陲地带，气候严苛，

特别是牧区，冬季漫长寒冷，昼夜温差大。在试验区林周县，11 月到翌年 3 月，平均温度 -2.5℃，绝对最低气温 -19.9℃，平均风速 2m/s，瞬时最大风速 16m/s。这种长期的持续低温加寒风刺激诱发放牧绵羊的冷应激反应，进而降低放牧羊的免疫力，致使血液白细胞数目减少。李瑞刚（2005）观察发现，小鼠在冷应激过程中外周血液中白细胞数目显著下降。需要说明的是，本试验方案中彭波半细毛羊的血液白细胞数目数较多（$138 \times 10^9 \sim 159 \times 10^9$/L），同周明亮等（2015）报道的白藏羊（$111 \times 10^9 \sim 129 \times 10^9$/L，内地羊 $1 \times 10^9 \sim 10 \times 10^9$/L）情况类似。这与西藏高原特殊的高海拔地理环境有关，是动物为适应高原环境而做出的一种正常的自我调节。

血小板可以通过促进机体快速恢复来对抗机体功能受损。血小板仅存在于哺乳动物血液中，是由哺乳动物骨髓巨核细胞成熟后胞浆解离形成，参与止血、伤口愈合、炎症反应等生理、病理过程并发挥相应活性作用。炎症反应、生活环境和活动量会影响血小板的代谢活动，使得血小板数目发生改变。大型血小板是新生的血小板，如果血小板偏多，新生的血小板相应减少。大血小板比率是大血小板数占总血小板数的百分比，故大血小板比率与血小板数量呈反向变化。本技术舍饲羊群的 PLT 数目显著大于放牧羊群，而其 P-LCR 显著低于后者，二者的变化符合前述规律。同样，荷斯坦牛在冷应激反应过程中，在 -5℃ 和 -20℃ 时血液白细胞数目和血小板数目分别由 8.77×10^9/L 和 279×10^9/L 下降至 4.97×10^9/L 和 60.80×10^9/L。这些研究结果表明，放牧冷应激降低了血液中白细胞和血小板数目。

⑤ 放牧和舍饲彭波半细毛羊母羊血液生化指标含量变化的比较分析。表 5-26 显示，舍饲组的 TC、HDL-C 含量显著低于放牧组，其余各项指标在两处理组间差异不显著。

表 5-26　放牧和舍饲彭波半细毛羊母羊血液生化指标

项目	处理组		P 值
	放牧组 G	舍饲组 D	
谷丙转氨酶 ALT（U/L）	20.70 ± 0.67	19.10 ± 2.72	0.699
谷草转氨酶 AST（U/L）	102.35 ± 7.38	100.08 ± 3.20	0.699
总胆红素 T-BiL（μmol/mL）	4.35 ± 1.50	5.72 ± 1.70	0.145
直接胆红素 D-BIL（μmol/mL）	0.13 ± 0.33	0.62 ± 1.09	0.295
间接胆红素 IBIL（g/mL）	4.22 ± 1.22	5.10 ± 0.71	0.156
总蛋白 TP（g/L）	72.60 ± 5.67	70.40 ± 4.44	0.472
白蛋白 ALB（g/L）	23.43 ± 1.21	22.37 ± 1.39	0.187
球蛋白 GLO（g/mL）	49.17 ± 4.06	48.03 ± 5.49	0.693
碱性磷酸酶 ALP（U/L）	104.83 ± 72.64	107.83 ± 56.44	0.938
葡萄糖 GLU（mmol/mL）	3.25 ± 0.37	3.02 ± 0.52	0.418
尿素 UREA（mmol/mL）	8.74 ± 1.13	7.52 ± 1.23	0.105
肌酐 CREA（μmol/mL）	71.97 ± 11.51	70.22 ± 7.13	0.758
尿酸 UA（μmol/mL）	0.31 ± 0.79	0.56 ± 0.91	0.938
总胆固醇 TC（mmol/mL）	1.66 ± 0.26[a]	1.36 ± 0.18[b]	0.039
甘油三酯 TG（mmol/mL）	0.31 ± 0.13	0.29 ± 0.16	0.731
高密度脂蛋白胆固醇 HDL-C（g/mL）	1.40 ± 0.05[a]	1.29 ± 0.06[b]	0.008
低密度脂蛋白胆固醇 LDL-C（g/mL）	0.40 ± 0.10	0.34 ± 0.08	0.381
淀粉酶 a-AMY（U/L）	19.00 ± 4.55	23.60 ± 4.51	0.400

总胆固醇是动物体内重要的脂类，与能量代谢密切相关。它不仅参与细胞膜的形成，还是合成胆汁酸、维生素 D 等物质的重要原料。血液中的胆固醇绝大部分来自内源合成，少部分来自外源（饲料）吸收。除红细胞和中枢神经系统外，机体组织的主要能量来源于脂肪组织中脂肪酸的氧化分解。当动物体发生冷应激反应时，促肾上腺皮质激素、肾上腺素、胰高血糖素等促进脂肪分解生成脂肪酸，同时释放出大量热量，以维持体温的恒定。为了防止胆固醇在血管及肝组织中过多地聚集，高密度脂蛋白（反映了血浆中高密度脂蛋白的多少）

将肝外组织中过多的胆固醇转运到肝脏进行代谢。本试验中，冬春季放牧显著降低了母羊血清中 TC、HDL-C 含量。这可能是由于放牧羊群在长期的冷应激环境中为维持正常体温而动员分解大量体脂，致使该处理组羊血液中总胆固醇、高密度脂蛋白含量较能量消耗相对较少的舍饲组高。

⑥ 放牧和舍饲对彭波半细毛羊母羊血清抗氧化性能的影响。研究普遍报道，放牧家畜由于自由采食和随意户外运动的优势，它们对机体产生的氧自由基的清除能力优于舍饲家畜。而且，我们在前期试验中也发现，放牧时间或者放牧运动量对放牧畜产品抗氧化能力的强化和富集均有显著的作用。与之类似，本方案不同饲养处理仅对母羊血清中的 GSH-Px 含量产生了显著影响，其值放牧组显著高于舍饲组，但对 T-AOC、T-SOD 和 MDA 含量都没有产生显著影响（表 5-27）。

表 5-27　放牧和舍饲彭波半细毛羊母羊血清抗氧化性能

项目	处理组		P 值
	放牧组 G	舍饲组 D	
总抗氧化能力 T-AOC（nmol/mg prot）	3.72 ± 0.20	3.54 ± 0.15	0.485
总超氧化物歧化酶 T-SOD（U/mg prot）	117.86 ± 4.18	110.20 ± 3.73	0.202
谷胱甘肽过氧化物酶 GSH-Px（nmol/mg prot）	123.37 ± 8.86^{a}	97.76 ± 5.18^{b}	0.041
丙二醛 MDA（nmol/mg prot）	4.26 ± 0.30	3.85 ± 0.20	0.138

GSH-Px（同 SOD）是生物体内的重要内源性抗氧化酶，它们可以清除超氧自由基，对机体的氧化与抗氧化平衡起着至关重要的作用。T-AOC 是衡量机体抗氧化水平的特征性指标，它能够反映细胞内外环境中所有抗氧化物质的综合性能，而不是单一的某种抗氧化物质。MDA 是细胞膜脂质过氧化作用的产物之一，脂质过氧化作用的强弱程度能够通过血清中 MDA 的含量表现，同时该产物的量也是反应细胞损伤程度以及机体氧化和抗氧化之间平衡关系的间接指标。本方案中，舍饲虽然降低了抗氧化酶 GSH-Px 的活性，但综合考虑机体内T-AOC、MDA 非酶类抗氧化剂的作用，则两种饲养模式并没有差异，表明舍饲

不会引起细胞的氧化损伤。以上可见，冬春季舍饲不仅不会影响彭波半细毛羊的正常代谢，反而能通过显著提高血液白细胞数和血小板数目改善绵羊的免疫机能，提高机体健康水平。

⑦ 舍饲对彭波半细毛羊母羊血清代谢产物的影响。PLS-DA 得分图显示（图 5-5），两处理组在本组内各点聚拢程度都较高，且组间分离性都较好，表示放牧和舍饲处理对试验羊的区分影响较大，可以进行进一步分析。

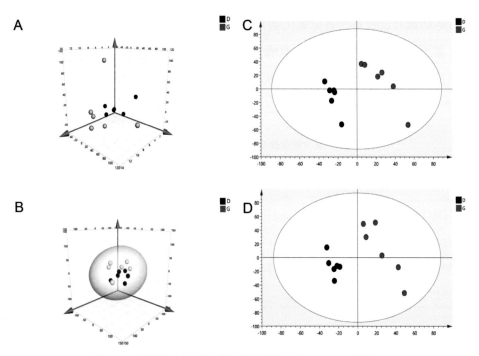

图 5-5　放牧和舍饲彭波半细毛羊母羊血清 PLS-DA 得分图

利用 KEGG 数据库对差异离子进行筛选（图 5-6），并对两组间的差异代谢物通路进行分析，结果显示：放牧组和舍饲组母羊血清中差异代谢物（正离子模式下）有 79 种，其中涉及代谢通路的差异物有 3 种，分别是脱落酸、黄质醛和 3-Polyprenyl-4，5-dihydroxybenzoate；这 3 种代谢差异物含量，放牧组都显著高于舍饲组（表 5-28）。

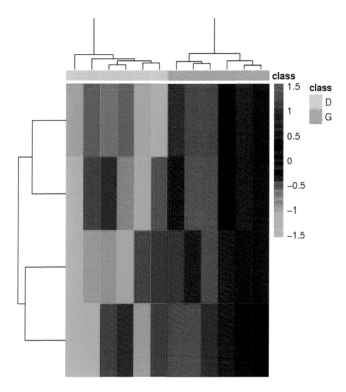

图 5-6　放牧和舍饲彭波半细毛羊母羊血清代谢物
信号强度比值的热图聚类分析

表 5-28　放牧和舍饲彭波半细毛羊母羊血清差异代谢物

代谢物	分子式	P值（P < 0.05）	变量重要性投影（VIP）	保留时间	分子离子峰（m/z）	变化趋势	代谢途径
脱落酸	$C_{15}H_{20}O_4$	0.004	6.99	4.55	247	↑	代谢途径
黄质醛	$C_{15}H_{22}O_3$	0.008	5.96	5.37	233	↑	代谢途径
3-Polyprenyl-4, 5-dihydroxybenzoate	$C_{12}H_{14}O_4 \cdot [C_5H_8]_n$	0.044	5.11	5.37	291	↑	泛醌和其他萜类醌的生物合成

本方案代谢组学差异物分析结果表明，放牧羊群血清代谢产物脱落酸含量显著高于舍饲组。脱落酸是植物五大激素之一，能调节植物生长发育、种子和芽休眠、顶端优势切除及衰老等应激反应，因此它也被称为应激激素。脱落酸广泛存在于动植物体内和人体组织细胞中。在很多生理和病理情况下，脱落酸产生并释放，并且在动植物体内以极其相似的信号通路应对各种刺激。目前，脱落酸在植物体内的生物合成通路已研究明确，但在动物体内尚不清楚。代谢通路结果显示，绵羊体内脱落酸的生物合成途径为：甲羟戊酸聚合成 C40 前体—类胡萝卜素，再由类胡萝卜素裂解成 C15 的化合物，如黄质醛，最后由黄质醛转变成脱落酸。此合成途径与植物类似。不管是合成过程中的黄质醛含量，还是合成后的脱落酸含量，本试验放牧组均显著高于舍饲组。这表明，相比较于舍饲羊群，放牧羊群处于长达 5 个月的持续应激状态中，冷应激诱发了脱落酸合成及白细胞和血小板数目下降，继而对免疫机能造成不良影响。

从代谢组学看，本方案舍饲之所以降低彭波半细毛羊血清中的 GSH-Px 含量，主要是因为舍饲组代谢产物 3-Polyprenyl-4, 5-dihydroxybenzoate 含量显著降低。3-Polyprenyl-4, 5-dihydroxybenzoate 位于线粒体内膜，是辅酶 Q（泛醌）合成的前体物质。辅酶 Q 是一类广泛存在于自然界真核生物细胞膜上的脂溶性醌类化合物，在细胞线粒体呼吸链上作为关键电子传递中间体参与有关生物氧化的能量转换过程，是细胞呼吸、代谢的激活剂，也是重要的抗氧化剂。辅酶 Q 作为抗氧化剂清除自由基的作用机制是通过传递质子给自由基后，在抗氧化酶的作用下发生反应，抑制自由基对生物膜的损伤。

⑧ 放牧与舍饲彭波半细毛羊母羊血清矿物质元素含量比较分析。试验羊血清矿物质元素含量在两种不同饲养方式间有明显不同（表 5-29 和表 5-30）。除磷、锰和硒无差异外，舍饲组钙、硫、铜和钼含量均显著高于放牧组，其镁、铁、锌和碘含量有增高的趋势。放牧组血铜、血锰及舍饲组血锰含量低于推荐值。

表5-29　放牧和舍饲彭波半细毛羊母羊血清常量元素含量

处理组	常量元素（mg/L）			
	Ca	P	Mg	S
放牧组 G	65.46 ± 2.72^{b}	75.09 ± 9.83	17.29 ± 0.89	539.28 ± 13.59^{b}
舍饲组 D	111.43 ± 17.84^{a}	101.22 ± 13.24	24.67 ± 3.90	878.67 ± 17.01^{a}
正常参考值 NRV	50~120	40（45）~160	21.6~27.6	—

注：同列数据肩标不同字母表示差异显著（$P < 0.05$）。

表5-30　放牧和舍饲彭波半细毛羊母羊血清微量元素含量

处理组	微量元素						
	Fe（mg/L）	Cu（mg/L）	Mn（mg/L）	Zn（mg/L）	Se（mg/L）	Mo（mg/L）	I（μg/L）
放牧组 G	3.44 ± 0.29	0.46 ± 0.03^{b}	0.01 ± 0.01	1.06 ± 0.15	0.08 ± 0.01	0.04 ± 0.01^{b}	4.10 ± 6.01
舍饲组 D	6.71 ± 1.63	0.85 ± 0.13^{a}	0.02 ± 0.02	2.02 ± 0.49	0.10 ± 0.03	0.07 ± 0.01^{a}	5.74 ± 6.32
正常参考值 NRV	0.5~1.0	0.6~1.5/0.7~1.3	0.05~0.06	0.8~1.2	0.08~0.5	0.01~0.02	0.8~6.0

注：同列数据肩标不同字母表示差异显著（$P < 0.05$）。

⑨ 放牧与舍饲彭波半细毛羊母羊被毛矿物质元素含量比较。被毛矿物质元素含量在两种饲养方式间也有显著不同（表5-31和表5-32）。舍饲组被毛钙、磷、镁、铁、锰和碘含量均高于放牧组，其铜含量有增高的趋势。放牧组被毛铜、锰和硒含量及舍饲组被毛锰、硒含量低于推荐值。

表5-31　放牧与舍饲彭波半细毛羊母羊羊毛常量元素含量

处理组	常量元素（g/kg）			
	Ca	P	Mg	S
放牧组 G	1.51 ± 0.08^{b}	0.71 ± 0.03^{b}	0.15 ± 0.01^{b}	30.88 ± 1.87
舍饲组 D	1.91 ± 0.13^{a}	0.82 ± 0.01^{a}	0.26 ± 0.01^{a}	33.14 ± 0.59
正常参考值 NRV	1.5~2.0	0.25~0.30	—	27~42

注：同列数据肩标不同字母表示差异显著（$P < 0.05$）。

表 5-32　放牧与舍饲彭波半细毛羊母羊羊毛微量元素含量

处理组	微量元素						
	Fe （mg/kg）	Cu （mg/kg）	Mn （mg/kg）	Zn （mg/kg）	Se （mg/kg）	Mo （mg/kg）	I （μg/L）
放牧组 G	46.82 ± 11.43[b]	4.13 ± 0.35	1.44 ± 0.18[b]	128.05 ± 4.43	0.14 ± 0.02	0.21 ± 0.01	415.10 ± 19.68[b]
舍饲组 D	92.72 ± 13.21[a]	5.99 ± 0.25	3.72 ± 0.24[a]	133.20 ± 3.21	0.13 ± 0.05	0.22 ± 0.00	478.37 ± 8.48[a]
正常参考 值 NRV	59~200	6~15	8~15/10~18	100~130	0.25~1.0	0.25~0.35	—

注：同列数据肩标不同字母表示差异显著（$P < 0.05$）。

　　血液或被毛是反映动物体多种矿物质元素营养状况的标识物，而不同元素在二者中的反应敏感度不同，故本试验同时对二者进行了分析。分析结果显示，冬季天然牧草钙含量能满足试验羊需要量，但磷不能（2.2g/kg）。青藏高原多地区均存在冬季放牧家畜磷缺乏的问题，但本试验放牧组绵羊血清及被毛磷含量均在正常范围内，归功于精饲料补饲。试验区绿麦草镁含量能满足绵羊需要量（1.2~1.8g/kg），但冬季天然牧草含镁量低于绵羊需要量推荐值，造成该组羊血镁含量低于正常范围，但在补饲作用下未达到低血镁临界值（9.84mg/L）。同时，冬季天然牧草硫含量也低于绵羊需要量下限（1.3~1.8g/kg），但在精饲料补饲作用下该组羊并未表现出硫不足或缺乏（因为被毛的硫含量在正常范围内）。缺硫会导致被毛干燥、掉毛甚至全身脱毛，故补硫对彭波半细毛羊格外重要。

　　牧养家畜一般都不需要补铁，因为牧草含铁丰富。本试验亦是如此。高原家畜主要是通过提高血液中血红蛋白含量来适应低氧环境，因此无论放牧组还是舍饲组，羊血清中铁含量均高于正常范围。但放牧组血铁浓度显著低于舍饲组，可能是因为放牧过程中的低温缺氧降低了机体血红蛋白浓度，缺铜加剧血红蛋白裂解速度，从而造成血铁浓度降低。低效的铁利用相应地降低了该组绵羊被毛含铁量。牧养家畜铜需要量受牧草钼、硫含量的影响。当牧草钼含量低于 1.5mg/kg 时，牛羊对铜的需要量为 4~6mg/kg。本试验方案两类牧草铜能满足绵羊需要量，但血液及被毛铜水平显示放牧组缺铜（血铜浓度 <0.6mg/L，被毛铜含量 <6mg/kg 为缺铜）。Shen 等（2006）研究结果表明，甘肃玛曲高寒草原冬季牧养牦牛同样缺铜，而在本试验舍饲条件下绵羊血液和被毛铜含量均达到正常范围。本试验两类牧草锰含量能（冬季天然牧草基本能）满足绵羊需要量（20~40mg/kg），但两组羊血液及被毛锰水平均低于正常值低限，显示缺锰。因为铁与锰、铜拮抗，牧草铁过量会引起锰和铜继发性缺乏。两类牧草含锌量低于绵羊需要量（40mg/kg），但血液和被毛锌水平均显示两组羊锌量充足，其原因同样归因于补饲。且因补饲摄入锌量的不同，故舍饲组血锌含量有增高的趋势。需要说明的是，本方案血铁、血锌浓度虽然超过正常值上限，但它们在日粮中的摄入量仍未达到引起羊中毒的水平。

缺硒严重影响家畜健康，新生反刍家畜易患白肌病。硒缺乏全世界较为普遍。（Ademi 等，2017）对科索沃 69 种饲料、292 只绵羊全血中的 4 种常量元素和 7 种微量元素含量分析结果表明，饲料、全血含硒量分别为 6~82μg/kg DM 和 0.015~0.36mg/L。硒是所有元素中缺乏最为严重的，而且补硒显著提高绵羊全血硒水平。本试验两类牧草严重缺硒，但在补饲作用下两组羊血清硒含量达到了正常范围，显示出精饲料补饲的良好效果。与血硒不同的是，两组羊被毛硒含量却严重低于正常值下限。因为硒以硒代甲硫氨酸等形式参与机体蛋白质的组成，所以青藏高原以毛用为主的半细毛羊或细毛羊会增高对硒的需求。由此建议，拉萨河谷彭波半细毛羊补硒量可增加至 0.3mg/kg（一般为 0.05~0.3mg/kg）。

Puls（1988）指出，碘对机体温度调节、繁殖和生长发育、血液循环等起着决定性作用。动物血碘含量正常范围是 0.8~6.0 μg/L，低于 0.5 μg/L 即为碘缺乏，高于 10 μg/L 则为碘摄入超标。本试验结果显示两组羊碘量正常。但放牧组血清、被毛碘含量明显降低，可能与这与天然牧草中较低的碘含量有关。本试验方案两组羊的血钼含量正常（血清正常水平为 0.01~0.02mg/L，补充时可增加到 0.2mg/L），被毛含钼量也在正常范围内。因钼的需求量很低，目前还没有发现动物缺钼的研究报道。本试验在两组绵羊摄入钼无差别的情况下，放牧组血清含钼量显著地降低，可能是因为放牧组铜、硫、硒元素缺乏影响了钼的吸收代谢。

综合以上，与传统的自然放牧相比较，对拉萨河谷冬春季放牧与舍饲彭波半细毛羊母羊体重损失及产毛量及其羔羊体增重的分析结果表明，经历5个月的饲养后，舍饲组母羊期末体重达到32.4kg，全期平均增加体重5.6g/d；而放牧组期末体重为28.8kg，全期体重损失22.8g/d。虽然两组母羊产毛量在处理组间未达到统计显著水平，但舍饲组较放牧组产毛量提高了9.09%。与母羊对应，舍饲组羔羊体重从初生的3.79kg增加到16.09kg，全期平均日增重为120g/d；放牧组羔羊体重从出生重的3.32kg增加到15.18kg，全期平均日增重为97g/d，显著低于舍饲组。简言之，在拉萨河谷彭波半细毛羊冬春季饲养管理中，12月至翌年3月采取舍饲（可加暖棚）非常有益于其改善生产性能，还有助于改善绵羊的免疫力，提高羊群健康水平。拉萨河谷冬春季放牧彭波半细毛羊钙、铁、钼和碘充足，但磷、镁、硫、铜、锰、锌和硒缺乏或不足。舍饲（以谷物为主的精补料＋绿麦草干草）能有效解决磷、镁、硫、铜、锌和硒的缺乏问题，而对锰缺乏未奏效。对于此，除采用高效补充源外，协调饲粮元素间的平衡更为重要。

四、新技术模式示范和农牧民培训

农业农村部办公厅关于印发《2020年畜牧产业扶贫和援藏援疆行动方案》要求"在'三区三州'深度贫困县开展科技帮扶，组织科研团队重点帮扶牦牛、肉羊、牧草等当地特色产业"和"开展肉羊高效健康养殖技术培训，切实做好技术服务、技能培训、新品种引进、新技术推广、品牌和产品扶贫、市场开拓扶贫等工作"。

为深入贯彻落实国家提出的任务部署，进一步推进西藏农区和半农半牧区畜牧业发展，提高农牧民牛羊养殖水平和增收致富能力。分别于2020年8月2日（图5-7）、2019年11月6日（图5-8）、2017年12月27日（图5-9），中国农业科学院草原研究所联合西藏农牧科学院畜牧兽医研究所、山东大学（威海）、西藏农牧学院、中国科学院地理与资源环境研究所，实行专家－乡村定点技术帮扶，深入扶贫一线，开展科技扶贫调研，分析不同地区急需解决的问题，在拉萨市卡孜乡白朗村和山南市扎囊县扎其乡孟卡荣村举办了牛羊养殖、日粮配方、饲料加工利用等农牧民实用技能培训会，共计培训村科技特派员、基层技术人员、农牧民群众代表 500 余人次。发放《西藏绵羊改良与优化饲养管理技术手册》《牛羊养殖农牧民培训实用技术》《畜禽疫病防治实用技术》等教材，来提高畜牧专业技术人员的科技服务水平和建档立卡贫困户的养殖技能，带动群众增收致富。

图 5-7　2020 年 8 月现场示范培训会（金艳梅　供图）

图 5-8　2019 年 11 月培训会（金艳梅　供图）

图 5-9　2017 年 12 月培训会（金艳梅　供图）

第六章
彭波半细毛羊信息化管理

养殖体系的标准化、高效养殖的机械化、生产性能的科学测定以及物联网新技术等在绵羊集约化养殖业的应用，在一定程度上促进了绵羊养殖业的精细化、流程化以及智能化发展。西藏畜牧产品想要更高效的走出去，必须依托互联网，通过养殖过程的信息化管理，准确把握绵羊养殖的关键环节，规范生产流程，快速查询生产信息，全面提升羊产业的品质和安全，打造彭波半细毛羊羊产业品牌，提升养羊产业的附加值。

一、绵羊自动分栏饲喂技术与设备

设施养羊主要有育肥羊场和种羊场。在不同阶段需对育肥羊称重，根据重量判断出栏、留作种羊或者继续育肥等待出栏，即需进行分群管理。但目前多数通过人工完成，不但工作量大、劳动强度高，而且对羊惊扰产生应激反应，影响羊的健康和生长。另外，在羊的销售交易、监测羊的生长发育情况时都需对其进行称重。自动分栏系统，实现对羊的自动称重和分栏管理，减少了羊的应激反应、避免了人畜直接接触，对提高养殖效益及实现福利化养殖有重要意义。

1. 羊自动称重分群管理系统

羊自动称重分群管理系统可对群养环境中的育肥羊进行管理，根据动物不同体重进行自动分群分栏。系统自动化程度较高，机械动作均通过气动装置控制；数据的采集、上传、分析均自动完成，无须人员干预。例如项目组在林周县卡孜乡白朗村种草养畜合作社使用的RBC-YZF-03（图6-1），可管理0~500

图6-1 林周县卡孜乡白朗村种草养畜合作社使用的羊自动称重分群管理系统

只羊，在羊群称重时单体称重速度为5~8s/只，分栏速度5~8s/只，具有3级分栏门，称重范围为0~500kg，体重动态精度可达千分之一；可远距离识别电子耳标，如图6-2（也有圆形的电子耳标），识别准确率100%，工作距离0~500mm，具有防脱落特点；且带显示控制器，可现场标秤、录入耳标、调整工作参数。若设定的分栏重量为30kg，本动物体重为20kg，此动物重小于分栏重量，应分到小动物圈饲喂，系统打开分栏门A；若设定的分栏重量为30kg，本动物体重为40kg，此动物重大于分栏重量，应分到大动物圈饲喂，系统打开分栏门B。该项技术可以在软件中预设分栏参数，如按照体重分栏，或按照性别分栏，甚至可以按照电子耳标号进行自动分栏，分栏速度很快，且容易操作。

图6-2 RFID电子耳标（塔娜 供图）

2. 自动称重分群管理系统的应用

自动称重分群管理系统在林周县彭波半细毛羊养殖中的应用突破了规模化养殖中分群补饲的技术瓶颈，并且确定了开始补饲的时间和补饲量。在放牧条件下每只每天补饲精料 400g 是一个比较经济合理的量，9 月底应开始补饲；冬春季半舍饲（最冷的月份全舍饲），仅在中下午放牧，结束放牧后每只羊每天补饲 1kg 粉碎的饲用黑麦（绿麦草）干草和 400g 破碎玉米或青稞。这种饲养模式不仅显著增加增重效果、提高产肉力，还能改善羊肉品质和肉质口感。目前林周县卡孜乡白朗村种草养畜合作社参照该技术进行彭波半细毛羊饲养管理，取得了良好的实际养殖效果。

由于放牧都是大小羊和公母羊混合放牧，放牧之后一般只能进行统一的群体补饲，很难做到按照不同标准的分群分栏补饲。合作社采用自动称重分栏技术实现了彭波半细毛羊的精准分群分栏和精准补饲。此外，合作社联合北京爱牧科技正在开发建立彭波半细毛羊集中养殖信息移动管理系统，实时记录养殖场管理信息、牲畜基本信息、牲畜养殖信息、牲畜防疫信息、牲畜追溯信息及饲料原料储备、获取指数等，实现实时的信息记录和管理，为将来建立绿色高端羊肉饲养基地奠定基础。

二、智慧牧场设计案例

规模养殖中信息化管理在畜牧业发达国家已得到普遍应用。我国主要针对猪禽和牛场开发出了一些较为成熟的商业化软件，但针对绵羊生产的信息化管理研究较少，实际应用有限。随着绵羊养殖规模的不断扩大，传统生产方式下羊场管理信息不完整的弊端越来越突出：生产记录混乱导致羊只淘汰无章可循、种群信息缺失、羊只谱系资料缺失导致无法对核心羊群生产性能和遗传资源进行有效分析，羊场经营管理缺乏指导依据，极大影响了生产效率的提高。因此，对规模羊场引入信息管理十分必要。

除了目前熟知的电子耳标外，比较有名的"慧养羊"智慧畜牧云平台，是由榆林市科学技术信息研究所开发，帮助羊场进行精细化、智能化管理的移动开放式信息平台，包括养羊日历、档案管理、生产日报、存栏动态、应用商城，数据画像等功能，可接入互联网、物联网智能应用。建设中的"慧养羊"智慧畜牧云平台，通过对养殖场养殖数据的管控和收集，实现养殖正规化、智能化、数据化、科学化的管理。李欣（2016）设计的肉羊养殖管理与溯源平台（图6-3）可实现肉羊的科学健康养殖，从养殖根源保证羊肉的质量安全，使消费者和羊肉经营者能够对羊肉制品进行追溯，实现养殖溯源，全面提升羊产业的质量和安全。

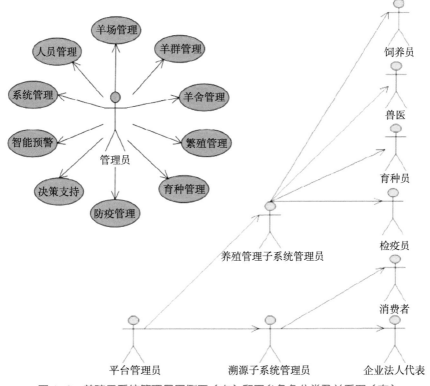

图6-3　养殖子系统管理员用例图（左）和平台角色分类及关系图（右）

信息化管理平台可以从绵羊育种、饲料、饲养、疫病防控、屠宰加工、销售全生产链实现精准化、标准化、科学化高质量养殖，融合产业上下游环节，形成互联网＋养羊产业的生态系统，降低产业链交易成本，提高养羊效益。本文列举一二只是冰山一角，智能化、机械化养殖任重而道远。

参 考 文 献

奥德，王志铭，王庆基，等，1997.放牧绵羊冬春保膘系统整体调控补饲模式的研究 [J].内蒙古畜牧科学 (S1): 64-67.

鲍宇红，冯静，王莉，等，2015.不同饲养模式对当雄藏系母绵羊体重发育的影响 [J].中国草食动物科学，35(2): 36-38.

参木友，顿珠坚参，曲广鹏，等，2017.西藏放牧绵羊冷季补饲防掉膘模式的研究 [J].畜牧与饲料科学，38(4): 25-26.

陈清文，2012.放牧牦牛暖棚补饲效果观察 [J].青海畜牧兽医杂志，42(4): 22-23.

窦耀宗，马宗祥，索多，1982.西藏澎波牦牛产奶现状的观察分析 [J].中国牦牛 (3): 14-18.

格桑加措，扎西，普布次仁，等，2018.彭波半细毛羊两年三胎技术试验报告 [J].中国畜牧兽医文摘，34(4): 69.

宫旭胤，吴建平，张利平，等，2011.饲养模式对绵羊冷季生产效益的影响 [J].草业科学，28(1): 141-145.

谷英，斯登丹巴，姚江勇，等，2015.冷季暖棚对鄂尔多斯细毛羊体重及产毛性能影响的研究 [J].畜牧与饲料科学，36(3): 25-27.

郭娉婷，毛凤显，罗海玲，等，2015.补饲精料对贵州地区绵山羊生产性能及肉品质的影响 [J].中国畜牧杂志，51(19): 33-37.

郝正里，项光华，魏时来，等，1998.甘肃省 8 个地区牛羊被毛的主要矿物质元素含量 [J].草业学报，7(1): 42-49.

荷花，2013.饲养模式对绒山羊成年母羊育肥和屠宰性能的影响[D].呼和浩特：内蒙古农业大学.

江家椿，何玛利，嘎玛仁增，等，1992.不同海拔高度西藏高原山羊若干血液生理特性的对比分析[J].西南农业学报(1): 79-83.

金艳梅，武俊喜，李鹏，等，2017.补饲精料对西藏彭波半细毛羊羊肉品质的影响[J].动物营养学报，29(2): 562-570.

金艳梅，武俊喜，吴洪新，等，2017.补饲对西藏彭波半细毛羊产肉性能的影响[J].黑龙江畜牧兽医(5): 15-18.

阚向东，任越，扎西央宗，等，2019.西藏农区肉用绵羊养殖关键技术[J].西藏农业科技，41(S1): 126-129.

孔祥颖，张丽，保善科，等，2015.放养过程中补饲对青海高原牦牛产肉能力及肉品质的影响[J].中国畜牧兽医，42(1): 104-108.

李慧，2020.西藏畜牧业高质量发展课题研讨会在京举行[EB/OL].http: //news.gmw.cn/2020-01/14/content_33481722.htm?s=gmwreco2.1.14.

李瑞刚，2005.冷应激对小鼠免疫系统的影响[D].呼和浩特市：内蒙古农业大学.

李小英，2014.针对西藏牧区暖棚养畜技术研究[J].黑龙江科技信息(21): 262.

李欣，2016.肉羊养殖管理与溯源平台的开发[D].泰安：山东农业大学.

任继周，金巨和，1956.牦牛群放牧习性的观察研究[J].中国畜牧兽医杂志(2): 58-62.

孙鹏飞，崔占鸿，拜彬强，等，2015.高原放牧牦牛夏初补饲精料对体质量的影响[J].江苏农业科学，43(2): 209-212.

妥生智，保善科，华着，2016.牦牛高效养殖关键技术研究[J].黑龙江畜牧兽医(2): 204-208.

汪诗平，王艳芬，陈佐忠，2003.放牧生态系统管理[M].北京：科学出版社.

武俊喜，田发益，吴庆侠，等，2017.西藏林周河谷天然草地可饲用牧草的载畜量估算及主要养分评价[J].草原农业(1): 7-15.

央金，扎西，德庆卓嘎，等，2009.彭波半细毛羊羊毛品质分析研究[J].草食家

畜 (3): 29-32.

央金，扎西，阚向东，等，1999. 澎波毛肉兼用型半细毛羊新品种群血液生理生化参数测定 [J]. 西藏科技 (2): 3-5.

央金，扎西，阚向东，等，2000. 西藏澎波半细毛羊肉用性能的研究 [J]. 中国草食动物 (1): 18-20.

央金，2012. 彭波半细毛羊新品种种质特性研究 [D]. 北京：中国农业科学院 .

杨春涛，司丙文，斯琴巴特尔，等，2015. 补饲不同能氮比精料对牧区冬春季羔羊生长性能和血液指标的影响 [J]. 动物营养学报，27(1): 289-297.

于青云，2007. 放牧补饲条件下不同品种公犊生长发育及其肉品质的研究 [D]. 乌鲁木齐：新疆农业大学 .

张崇志，高爱武，侯先志，等，2011. 不同营养水平对羔羊肌肉组织学性状的影响 [J]. 动物营养学报，23(2): 336-342.

张海滨，文志平，赵光平，等，2016. 甘南牦牛半农半牧区暖棚保膘育肥试验效果分析 [J]. 畜牧兽医杂志，35(2): 106-107.

张丽英，2003. 饲料分析及饲料质量检测技术 (第二版)[M]. 北京：中国农业大学出版社 .

张容昶，1980. 高山草原上牦牛的饲牧 [J]. 中国牦牛 (2): 1-7.

张尚德，张汉武，1997. 羊毛学 (第二版)[M]. 西安：西安科学技术出版社 .

张晓庆，Kemp D，马玉宝，等，2017. 冬春季暖棚舍饲对母羊体重损失及产羔性能的影响 [J]. 草业学报，26(6): 203-209.

张晓庆，张英俊，2015. 绵羊牧食行为对限时放牧加补饲制度的响应 [J]. 畜牧兽医学报，46(11): 1994-2001.

赵彦光，洪琼花，谢萍，等，2014. 精料营养对云南半细毛羊屠宰性能及肉品质的影响 [J]. 草业学报，23(2): 277-286.

赵忠，王安禄，王宝全，等，2005. 藏系绵羊冷季补饲时限与措施优化研究 [J]. 中国草食动物 (2): 21-23.

周明亮，陈明华，吴伟生，等，2015. 不同月龄白藏羊的生理生化指标测定 [J].

家畜生态学报，36(3): 53-57.

卓玉璞，刘青山，田旦增，等，2016.高寒牧区冬春季不同补饲方式对藏羊生产效益的影响 [J]. 畜牧兽医杂志，35(2): 13-15，19.

Ademi A, Bernhoft A, Govasmark E, et al, 2017. Selenium and other mineral concentrations in feed and sheep's blood in Kosovo[J]. Translational Animal Science, 1(1): 97-107.

Gekara O J, Prigge E C, Bryan W B, et al, 2005. Influence of sward height, daily timing of concentrate supplementation, and restricted time for grazing on forage utilization by lactating beef cows[J]. Journal of Animal Science, 83(6):1435-1444.

Jin Y M, Zhang X Q, Badgery B W, et al, 2019. Effects of winter and spring housing on growth performance and blood metabolites of Pengbo semi-wool sheep in Tibet[J]. Asian-Australasian Journal of Animal Sciences,32(10): 1630-1639.

Priolo A, Micol D, Agabriel J, et al, 2002. Effect of grass or concentrate feeding systems on lamb carcass and meat quality[J]. Meat Science, 62 (2):179-185.

Puls R, 1988. Mineral Levels in Animal Health: Diagnostic Data[M]. Clearbrook: British Columbia: Sherpa International.

Shen X Y, Du G Z, Chen Y M, et al,2006. Copper deficiency in yaks on pasture in western China[J]. The Canadian Veterinary Journal, 47(9): 902-906.

Zhang X Q, Kemp D, Hou X Y, et al, 2016. The effects of shed modifications on ewe reproductive performance and lamb growth rate in Inner Mongolia[J]. The Rangeland Journal, 38(5): 479-487

Zhang X Q, Luo H L, Hou X Y, et al, 2014. Effect of restricted access to pasture and indoor supplementation on ingestive behaviour, dry matter intake and weight gain of growing lambs[J]. Livestock Science, 167 (1-4):137-143.

Zhang X Q, Jin Y M, Badgery W, et al, 2017. Diet selection and n-3 polyunsaturated fatty acid deposits in lamb as affected by restricted time at pasture[J]. Scientific Reports, 7:15641, Doi:10.1038/s41598-017-15875-8.

后　记

　　谨以此书献给所有奋战在西藏畜牧业主战场的一线科技工作者。并向培育彭波半细毛羊新品种的老一辈畜牧科学家致以最崇高的敬意，感谢他们为西藏带来特色畜种，感谢他们为本书提供宝贵资料！

　　习近平总书记给科技工作者代表的回信中写到："创新是引领发展的第一动力，科技是战胜困难的有力武器。""希望全国科技工作者弘扬优良传统，坚定创新自信，着力攻克关键核心技术，促进产学研深度融合，勇于攀登科技高峰，为把我国建设成为世界科技强国作出新的更大的贡献"。

　　不忘初心，牢记使命。以科技兴农为己任，继承弘扬"老西藏精神""两路精神"，像格桑花一样扎根在西藏高原，充分发挥区内外协作攻关优势，潜心深入研究工作，加大关键技术攻关，把论文"写"在雪域高原的广袤大地上，为高原特色畜牧业发展尽绵薄之力。

著　者

2020 年 8 月